图说经典百科

图说水族万象

《图说经典百科》编委会 编著

彩色图鉴

南海出版公司

图书在版编目（CIP）数据

图说水族万象 / 《图说经典百科》编委会编著. -- 海口 ：南海出版公司，2015.9（2022.3重印）

ISBN 978-7-5442-7977-2

Ⅰ. ①图… Ⅱ. ①图… Ⅲ. ①水生动物－青少年读物 Ⅳ. ①Q958.8-49

中国版本图书馆CIP数据核字（2015）第204917号

TUSHUO SHUIZU WANXIANG

图说水族万象

编　　著　《图说经典百科》编委会
责任编辑　张爱国　梁珍珍
出版发行　南海出版公司　电话:（0898）66568511（出版）
（0898）65350227（发行）
社　　址　海南省海口市海秀中路51号星华大厦五楼　　邮编：570206
电子信箱　nhpublishing@163.com
经　　销　新华书店
印　　刷　北京兴星伟业印刷有限公司
开　　本　787毫米×1092毫米　1/16
印　　张　7
字　　数　70千
版　　次　2015年12月第1版　　2022年3月第2次印刷
书　　号　ISBN 978-7-5442-7977-2
定　　价　36.00元

前言 Preface

我们人类生活在一个生机盎然、充满活力的蔚蓝星球上。在这个星球上，除了最高级的人类以外，还生活着许许多多的其他动物伙伴，它们与我们人类紧密相连，息息相关。这些动物有生活在陆地上的，有生活在水里面的。它们的存在让这个原本安静的星球变得无比热闹起来，也让我们的生活不再单调乏味。

与人类相比，动物虽没有像人类那样的智慧，但这些大自然的美丽精灵们仍凭借其自身独特的生存技能，在偌大的自然界开辟了属于自己的天地。它们与人类共存于这个美丽的舞台上。它们的生命有多么顽强，它们在这个星球展现了怎样让人惊叹的美丽？相信当你对浩瀚的水生家族有了深入了解之后，你会更加感叹生命的可贵与真诚，会更加珍视地球上的每一个生命。

本书是一本深入探析水族动物世界的百科全书，它们的聪明才智，它们的憨态可掬，它们的楚楚动人，它们的威风凛凛，它们巧妙的捕食方式，它们深居简出的生存之法，它们三五成群的栖息习性，它们感人至深的“夫妻”生活……无一不是吸引你的制胜法宝。它们在这个危机四伏的大自然界里所展示的适者生存、弱肉强食的生存法则都将在这里真实上演。

本书以精炼的篇幅、优美的文字，从全新的角度向广大青少年阐述了各种水族生物的起源、发展以及进化过程，并详细地介绍了众多水族生物的独特习性和生存技能。让我们一起走近这些水族生物吧，它们绝对会让你大开眼界！

目录 Contents

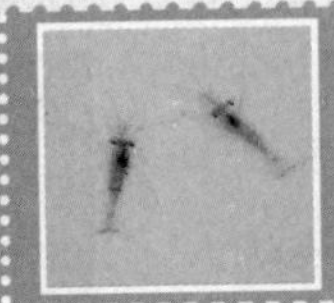

Ch1 1 美丽的海洋棘皮动物

色彩斑斓的海星 / 2
聪明的蛇尾 / 4
海洋中的稀世珍品海参 / 6
“参中之冠”的刺参 / 8
色彩艳丽的梅花参 / 10
形形色色的海胆 / 12
拥有顽强生命的沙钱 / 13
美丽的海百合 / 15

Ch2 17 水陆两栖动物

善于攀援的树蛙 / 18
住在树上的雨蛙 / 20
美丽致命的箭毒蛙 / 22
全身涂满黏液的鱼螈 / 25

Ch3 27 有鳞有甲的爬行动物

小精灵绿海龟 / 28
稀有的太平洋丽龟 / 30
巨大无比的棱皮龟 / 32
体型最小的扬子鳄 / 34
世界上体形最长的食鱼鳄 / 36
长寿之龟 / 37
灵活矫健的玳瑁 / 39

身披铠甲的海洋贝类

“横行霸道”的螃蟹 / 42
爱藏身的寄居蟹 / 44
中国特色的对虾 / 46
浮游的哲水蚤 / 48
闪烁蓝色光芒的磷虾 / 49
善于伪装的蜘蛛蟹 / 51

海洋中的兽类

体形巨大的座头鲸 / 54
四海为家的灰鲸 / 56
驼背的中华白海豚 / 58
凶猛的虎鲸 / 60
水中舞蹈家——斑海豹 / 62
温顺的僧海豹 / 64
北海狮的狮吼 / 66
洄游的北海狗 / 68

海洋中的鱼类

“口歪眼斜”的比目鱼 / 72
镶着银环的带鱼 / 74
沙丁鱼的大作用 / 76
身体扁平的锯鳐 / 78
雄性“生育”的海龙 / 80
具有医学价值的鲨鱼 / 82

目录 Contents

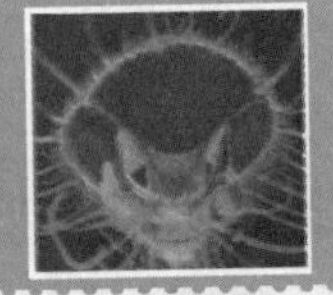

大嘴鲸鲨 / 84

雌雄难辨的鳗鱼 / 86

凶狠的大白鲨 / 88

Ch7 91 种类繁多的淡水鱼类

素食的鲫鱼 / 92

鲤鱼跳水 / 94

泥鳅也是鱼 / 96

古老的龙鱼 / 98

残暴的食人鱼 / 100

水中的人参——虹鳟 / 102

人工选择的金鱼 / 104

第一章

美丽的海洋棘皮动物

棘皮动物成体大都呈辐射状对称，是具有内骨骼、体腔和特殊水管系统的海洋动物，分布于世界各地的海洋中。因为其表皮一般都有棘，故名棘皮动物。其垂直分布范围很广，从潮间带到万米深海沟均有其成员。它们大多数为典型的狭盐性动物，半咸水或低盐海水中很少能见到它们。其体外无特殊的覆盖层，对水质的污染很敏感，被污染了的海水中棘皮动物很少。棘皮动物的再生力一般都很强，腕、盘或其他外部器官损伤或断落后均能再生。

色彩斑斓的海星

生物族谱

☆门：棘皮动物门

☆纲：海星纲

☆目：显带目

☆科：海星科

海星体扁，呈星形，现存1800多种，主要分布于世界各地的浅海底沙地或礁石上，以浮游生物为食。

“足”最多的海洋生物

海星与海参、海胆同属棘皮动物。棘皮动物通常有五个腕，特殊情况下可能会有四个或六个，最多的甚至可以达到40个腕。一般在这些腕下侧并排长有4列密密的管足，用管足既能捕获猎物，又能让自己攀附岩礁。大个的海星有好几千个管足。海星的嘴在其身体下侧中部，可与海星爬过的物体表面直接接触。海星的体形大小不一，小到2.5厘米，大到90厘米；体色也不尽相同，几乎每只都有差别，最多的颜色是橘黄色、红色、紫色、黄色和青色等。

海星怎样捕食

据了解，由于特殊的身体构造，海星的主要捕食对象是一些行动较迟缓的海洋动物，如贝类、海胆、螃蟹和海葵等。偶尔它也会吃珊瑚和海胆。海星的消化能力很强，它能将胃从嘴里吐出来，直接选择食物，将自己要吃的部分卷住，然后连同胃一起缩进肚子里。为了更加精确地捕食到自己的“猎物”，海星常采取缓慢迂回的策略，慢慢接近猎物，用腕上的管足捉住猎物，并用整个身体包住它，将胃袋从口中吐出，利用消化酶，让猎获物在其体外溶解并被其吸收。海星的食量很大，一只海星幼体一天吃的食物量相当于自身重量的一倍多。

扩展阅读

海星有一种特殊的再生能力，它们的腕、体盘受损或自切后，都能够自然再生。海星的任何一个部位都可以重新生成一个新的海星。因此，某些种类的海星通过这种超强的再生方式演变成具有无性繁殖的能力，它们就更不需要交配了。不过，大多数海星通常不会进行无性繁殖。

↓水族箱中的海星

聪明的蛇尾

生物族谱

☆门：棘皮动物门

☆纲：蛇尾纲

☆目：蛇尾目

☆科：蛇尾科

蛇尾一般有5个腕，与体盘区分明显，细而多棘，有的有分枝，易脱落，但能再生。蛇尾一般体盘较小，口在腹面，有5齿，无肛门。它的管足主要是用来感受光和气味。取食时，用一腕或数腕伸入水中或泥面，用其他腕固定身体。蛇尾主要食腐肉和浮游生物，但有时也捕捉相当大的动物。蛇尾能作痉挛式运动，但通常停在海底或海绵、刺胞动物身上。

蛇尾如何进食

蛇尾的摄食器官主要是腕和口部的触手，它主要是靠吃一些有机物质的碎屑和一些小的底栖生物，如硅藻、有孔虫、小型蠕虫和甲壳动物等为生。蛇尾的运动主要是靠腕的伸屈和腕棘与海底的摩擦作用来完成的。常见的运动方式有两种：一种是遵循一个腕的方向前

进，即一个腕向前进，其余4个腕向后倒退；另一种是两个腕同时向前进，其余3个腕向后退，蛇尾顺两个腕中间的合力方向前进。

蛇尾“自我防卫”的本领

和壁虎之类的动物一样，蛇尾的腕很容易断，人们在海边采集蛇尾时，稍有不慎就会把它的腕掐断。其实这并不是蛇尾脆弱，而是它有很强的“自切”和再生能力，尤其是腕很容易“自切”和再生，因此甚至有人将它称作“脆海星”。蛇尾的“自切”是御敌的巧妙办法，凭借断掉部分腕足来换取整体的生存。失掉的部分，不久又会重新再生出来，所以蛇尾类的“自切”和再生是它们得以生存所必不可少的手段，甚至它们的体盘损伤或失掉后也能够再生长出来。

↓生活在深海中的蛇尾

海洋中的稀世珍品海参

生物族谱

☆门：棘皮动物门

☆纲：海参纲

☆目：楯手目

☆科：海参科

海参是一种常见的海洋软体动物，生存在地球上已有六亿多年的历史。海参在海底中生存，多以海底藻类和浮游生物为食。它全身长满肉刺，广泛分布于世界各地海洋中。

海参的特征

海参整个身体呈圆筒状，长度在10—20厘米，也有特别大的海参可以达到30厘米，它的颜色一般都比较偏暗，浑身长满肉刺。海参口在前端，多偏于腹面。肛门在后端，多偏于背面。背面一般有疣足，腹面有管足。内骨骼退化为微小骨片。许多种海参有从口到肛门的5行管足。肛孔兼司呼吸和排出废物。口周围有10根或更多能伸缩的触手，用于捕食或掘穴。

另外，海参具有能从肛门放出内部器官的特殊功能。为了保护自己，它会引诱其他生物将其内脏吃掉，然后趁机逃跑，过不了多久它还会再生出新的内脏。有许多海参能放出对小动物致命的毒素，但经调查，对人并无生命危险。

海参的分布

海参的分布非常广泛，它在中国的多个海域均有分布，仅中国南海产的种类便有30多种。其中，以西沙群岛居多，在温带海区，海参的主产地以山东半岛和辽东半岛为主。

海参常见于热带和亚热带的海洋，在印度—西太平洋区的珊瑚礁内栖息的种类特别多。有的裸露，有的隐藏，有的钻在沙内，有的品种仅见于珊瑚礁内。其摄食非常有规律。

海参的特殊功能

有人做过实验：用针线或铁丝穿透海参肉体，打上死结。过了一段时间，海参就会将异物魔术般地排出体外，而肉体却不留任何痕迹。

除此之外，海参能预测天气。当风暴来临前，它会提前躲到石缝里。有经验的渔民经常用这种现象来预测海上风暴等情况。

扩展阅读

海参生存的环境是有一定讲究的。一般来说，它常生活在2—40米深的海底，一般适应水温为0℃—28℃，盐度为28‰—31‰，水温高于20℃时夏眠，饵料以泥沙中的动植物碎屑和底栖硅藻为主，繁殖期在6—7月。只要具备了以上条件，海参不但会很好地生存，而且具有很强的再生能力。

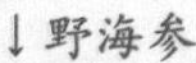

↓野海参

“参中之冠”的刺参

生物族谱

☆门：棘皮动物门

☆纲：海参纲

☆目：楯手目

☆科：刺参科

刺参是海参的一种，属棘皮动物门海参纲刺参科。刺参科的主要种类有绿刺参、花刺参、梅花参和刺参。在刺参种类中，经济价值最高的当属黄海、渤海产的刺参，被称为“参中之冠”。

初识刺参

刺参呈圆筒状，长度约在20—40厘米。前端口周生有20个触手。背面有4—6行肉刺，腹面有3行管足。体色黄褐、黑褐、绿褐、纯白或灰白等。

刺参的肛门偏于背面，皮肤黏滑，肌肉发达，身体可延伸或卷曲。其体形大小、颜色和肉刺的多少常随生活环境的改变而变化，喜欢栖息在水流平缓、无淡水注入、海藻丰富的细沙海底和岩礁底，昼伏夜出。刺参的再生能力很强，损伤或被切割后都能再生。

刺参的奇特功能

刺参能随着周围环境的变化而改变体色。生活在岩礁附近的刺参，为棕色或淡蓝色；而当它们移居海藻、海草中时，则变为绿色。刺参的这种体色变化，可以有效地躲过天敌的伤害。除此之外，当刺参遇到天敌偷袭时，还会迅速地把自己体内的五脏六腑一股脑喷射出来，让对方吃掉，而自身则借助排脏的反冲力，逃得无影无踪。

当然，没有内脏的刺参不会死掉，大约50天左右，它又会长出一副新内脏。不仅如此，刺参的再生修复功能也是很强的。假如你将刺参切为数段投放海里，经过3—8

个月，每段又会生成一个完整的刺参。有的刺参还有自切本领，当条件适宜时，能将自身切为数段，过一段时间后，每段又会长成一个刺参。刺参的这种再生修复功能一直是医学、生物学领域研究探讨的热门问题。

海参中的“极品”

刺参本身就比较珍贵，据说它是我国二十多种食用海参中质量最好的一种。烟台是刺参最重要的产地之一，最有名的是长岛的海参。关于“烟台海参”的最早记载出现在清代。清初著名诗人吴伟业在《梅村集》卷十曾云：“海参，产登莱海中。”其著名的《海参》诗，诗云：“预使熠汤洗，迟才入鼎铛。禁犹宽北海，馔可佐南烹。莫辨虫鱼族，休疑草木名。但将滋味补，勿药养馀生。”进一步明确贡品出自现蓬莱以北海区，即现在的长岛。

另外，它在我国的黄海海域、渤海海域均有分布。明末姚可成汇集的《食物本草》中，有对海参的详细描述：“海参，坐东南海中，其形如虫，色黑，身多傀儡。一种长五六寸者，功擅补益。肴品中之最珍贵者也。味甘咸平，无毒，主补元气。滋益五脏六腑，去三焦火热。”在《本草纲目拾遗》中，也有较详细的记载，并称海参的药用价值可敌人参，故名“海参”。

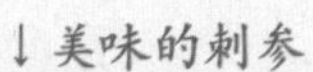
↓美味的刺参

色彩艳丽的梅花参

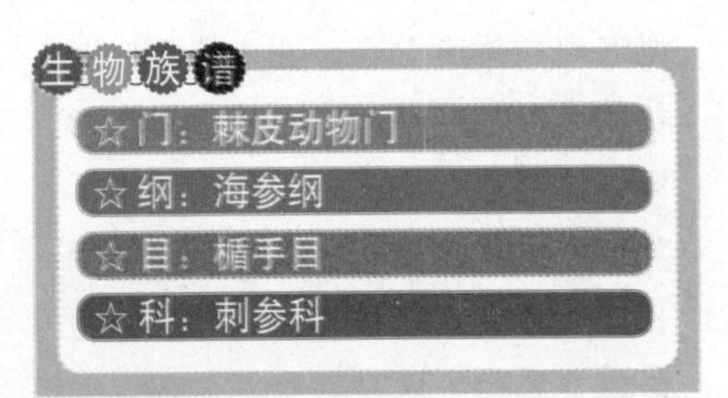

梅花参又名凤梨参，是刺参科梅花参属的动物。同时它也是海南省特有的海珍，属三亚“三绝”之一，位列“海产八珍”之首。

梅花参的模样

梅花参的色彩十分艳丽，背面上显现出美丽的橙黄色或橙红色，还点缀着黄色和褐色的斑，腹面带红色，20个触手都呈黄色。

梅花参在诸多海参中个体最大，它的体长一般是60—70厘米，宽约10厘米，高约8厘米，最大者体长可达90—120厘米，因此被称为“海参之王”。梅花参形似长圆筒状，背面的肉刺很大，每3—11个肉刺的基部连在一起，有点像梅花瓣状，所以人们称它为“梅花参”；又因为它的外貌有点像凤梨，也称它为“凤梨参”。

梅花参的生活习性

梅花参对环境的变化非常敏感，当受到海水污染、海水比重和温度剧变之类的外界刺激后，会引起自身腐烂或自行吐出内脏。排脏后的海参，在良好水质条件下，还会再生。

更让人不可思议的是，在梅花参的泄殖腔内有一种鱼共生。这种鱼有人的手指粗细，全身呈棕红色，头部稍大，身体光滑细长，约20厘米左右。当这种鱼感到周围的水恶化时，会从梅花参体内伸出头来。

“珍贵”在营养价值

梅花参除了味道鲜美，还

是一道营养价值极高的滋补品。它可以治病抗癌，还有一定的防衰老作用。梅花参中含有较高的蛋白质和矿物质，并且不含胆固醇，是非常理想的滋补品。中医认为：海参性温，味咸，有补肾益精、养血润燥之功，可以治精血亏损、虚弱劳怯、阳痿、肠燥便艰等症。所以说，对于产后、病后体虚衰老，肺结核、神经衰弱等症，均可用之。而且梅花参特别适合老年人食用。它可用鸡汤清炖，也可切片加辅料清炒，还可以甜吃，即用海参、鸡蛋、桂圆加冰糖清炖。其药用价值、营养价值都非常高。

扩展阅读

三亚“三绝”是指梅花参、鲍鱼和鱼翅，三者均是三亚海鲜中的极品。除了梅花参，我们重点讲一下鲍鱼和鱼翅。鲍鱼非鱼，而是属于贝类，是一种海产软体动物，含有丰富的营养物质。鱼翅是鲨鱼背鳍、胸鳍的总称，经过加工后可食用，鳍肉多为角质软条，经晒干而为鱼翅成品，作为上等补品，有益气、开胃、补虚、消食之功效。

↓生活在海底的梅花参

形形色色的海胆

生物族谱

☆门：棘皮动物门

☆纲：海胆纲

☆目：心形海胆目

☆科：心形海胆科

海胆是棘皮动物门海胆纲的通称，目前约有800多种。海胆是生物科学史上最早被用来研究的生物，它的卵子和胚胎对早期发育生物学的发展有举足轻重的作用。最常见的海胆主要有心形海胆、紫海胆、马粪海胆等。

巧妙的生存之道

心形海胆是海洋中古老的生物，通常是卵圆形或心形的。它的壳较脆，有4个步带区。其体表覆有短细棘刺，生活在内壁有黏液的穴中。心形海胆的管足很长，可以伸到沙上抓捕小食物微粒，有的管足还具有呼吸和感觉的功能。

普通心形海胆适宜在各个海洋中生存。一般，在西欧、地中海和西非沿岸常见的是紫猬团海胆。心形海胆在海底深深的泥沙中不断做着挖掘工作。在泥沙下面，它们缓慢地移动，用管足采集食物颗粒。心形海胆的身体上方长有长长的管状脚，用来挖掘直通泥沙表面的坑道。这些坑道就是水中的通风口，使它们能够呼吸自如。

马粪海胆

马粪海胆壳坚固，周身也是呈半球形，直径在30—40厘米左右。其反口面低，略隆起。步带区与间步带区幅宽相等，但间步带区的膨起程度比步带区略高，因而壳形接近于圆形的圆滑正五边形。成体体表面大多呈暗绿色或灰绿色，壳面有棘，长5—6毫米，密生于壳的表面，棘的颜色变异较大，色泽以暗绿色居多，但灰褐、赤褐、灰白乃至白色的棘亦时有发现。

拥有顽强生命的沙钱

沙钱又叫“海钱”，生活在潮间带或潮下带的沙滩表面或埋在沙内，甚至分布至水深3000米的海床。由于其栖息处及外形多呈圆盘状，宛如一个银币，“沙钱”之名便由此而来。

沙钱的身体特征

属于海胆纲的沙钱与海胆一样，它的整个身体都由棘刺所包围。但唯一与海胆不同的是，它们的棘刺是细小且呈绒毛状的。这种身体的构造主要可以方便沙钱用来挖沙，以让身体潜入沙中。在反口面上，沙钱也有着五幅的步带，这些步带呈花瓣状，可以让海水进入其身体，以海浪协助运动。

另外，在沙钱细小的棘刺表面，我们还可以看到布满幼小及像毛发般的纤毛，配合其黏性，可以把食物送往位于腹面中央位置的口器。沙钱的肛门同样在腹面，或者更后的尾部。由于沙钱的运动主要靠天然的海浪，它的管足亦会用做搜集食物。沙钱的主要食物是浮游生物或者一些藏于沙底的有机物质。

沙钱的“生前身后事”

每种大自然中的生物都有其相应的食物链存在，由于沙钱的可食用部分非常地少，而且有坚硬的硬壳，所以在大自然中只有少数的生物对沙钱感兴趣。在这少数天敌当中，有一种有着厚唇且与鳗鱼相似的大洋鳕鱼，它们有时也会享用生活在海中的沙钱。

沙钱采集的良机

生活在沙地上的沙钱，在潮退后往往会暴露在沙滩上，一般会成为人类采集的对象，成为标本。在狂风暴雨过后，海浪都会把死去的沙钱冲上岸滩，这时就成为采集标本的良机。

扩展阅读

沙钱一般都是群居的。这是因为它们较喜欢在软海床排出精子及卵子，以协助生殖幼虫。沙钱幼虫一般会在海中浮游，并经历各种变态。当硬壳成形后，它们便会由浮游变为栖息在海床中。

↓生活在水底的沙钱

美丽的海百合

☆门：棘皮动物门

☆纲：海百合纲

☆目：海百合目

☆科：海百合科

海百合生活于海里，由于它有多条腕足，身体呈花状，表面有石灰质的壳，极像陆地上的植物，所以人们就叫它海百合。海百合的身体有一个像植物茎一样的柄，柄上端羽状的东西是它们的触手，也叫腕。这些触手就像蕨类的叶子一样迷惑着人们，使人们长期认为它们是植物。其实，海百合是一种古老的无脊椎动物，在几亿年前，海洋里到处都是它们的身影。

海百合的生活习性

海百合生活在海洋里，它们存在的历史非常悠久，目前各大洋仍然有分布，海百合的生活范围从潮间带到深海内都有。它们的身体分腕、盘（萼）和柄三部分。其口面向上，反口面有柄，身体下面有五角形分节的长柄，竖立于深海底，柄的长度可达60厘米以上，营固着生活，多产于浅海，也能暂时附着在岩石或海藻上。海百合喜欢清澈的海水，而且多数情况是在生物礁之间进行繁殖。它们个体生长发育所需的能量供给是通过冠部的腕和萼等器官来进行新陈代谢的。

海百合经常遭鱼群的袭击，有时被咬断“茎”，有时被吃掉“花儿”。在弱肉强食、竞争激烈的大海中，一批批被咬断茎秆，仅留下花儿的海百合在大难不死中存活下来。因为“茎”在它们的生活中，并不是那么至关重要。这种没柄的海百合，五彩缤纷，悠悠荡荡，四处漂流，被称作“海中仙女”。生物学家给它起了一个美丽的名字——“羽星”。

羽星体内含毒素，许多鱼儿不敢碰它。但也有一些不怕毒素的鱼，它们对这些美丽的“羽星”毫不留情，狠下毒手。为了生存，这些“羽星”白天只好钻进石缝里躲藏起来，夜晚才偷偷摸摸成群出洞，翩翩起舞。海百合捕食的方法，基本是腕枝迎着水流，平展开来，像一张蜘蛛的捕虫网，守株待兔，等食物送上门来。

珍贵的海百合化石

据研究，在海百合类最繁盛时期形成的海相沉积岩中，海百合化石非常丰富，甚至可以成为建造石灰岩的主要成分，但人们所见到的，多为分散的茎环。海百合化石的主要成分是单晶的方解石，通常是白色的，有时会混入三价铁离子，呈现鲜艳的红色，在青灰色围岩的衬托下十分美丽。含海百合化石十分丰富的灰岩被地质学家称为海百合茎灰岩，一些当地的居民，开采出这些岩石，磨制成各种各样的工艺品，美其名曰“百合玉”，深受人们的喜爱。

↓美丽的海百合

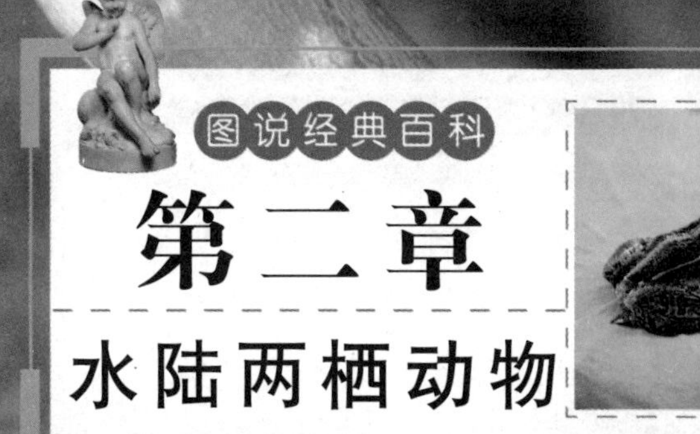

第二章

水陆两栖动物

两栖动物，顾名思义，可以生活在水陆两个区域。两栖动物是最原始的陆生脊椎动物。由化石可以推断，它们出现在3.6亿年前的泥盆纪后期，是第一种呼吸空气的陆生脊椎动物，既有适应陆地生活的新的性状，又有从鱼类祖先继承下来的适应水生生活的性状。多数两栖动物需要在水中产卵，发育过程中有变态，幼体接近于鱼类，而成体可以在陆地生活，但是有些两栖动物进行胎生或卵胎生，不需要产卵，有些从卵中孵化出来几乎就已经完成了变态，还有些终生保持幼体的形态。让我们一起来看看都有哪些动物有两栖的本领吧！

善于攀援的树蛙

生物族谱

☆门：脊索动物门

☆纲：两栖纲

☆目：无尾目

☆科：树蛙科

树蛙和平时常见的青蛙长相相似，又因为它特别善于在树上攀援，在树间穿梭，所以是名副其实的“树蛙”。

树蛙的特征

树蛙，体多细长而扁，后肢长，吸盘大，指、趾间有发达的蹼，末端两趾骨节间有介间软骨，可以用其在空中滑翔，与树栖生活相适应。树蛙科种类很多，广泛分布于亚洲和非洲热带和亚热带地区，在马达加斯加岛上也能见到。最著名的树蛙当数亚洲的几种飞蛙，如黑掌树蛙和黑蹼树蛙等。亚洲东部和东南部亚热带和热带湿润地区也有分布。

常见的树蛙

斑腿树蛙头部呈正方形状，口部宽大，吻略尖圆，吻棱明显；鼻孔近于吻端，眼大，凸出。眼径与吻等长，眼间距大于鼻间距，鼓膜显著。皮肤平滑，背面有极细微的痣；腹面满布颗粒状扁平疣。体色变化大，常随栖息的环境而异，多栖于池塘、草丛、玉米地或稻田内，有时也栖息在竹上或其他植物上。树蛙分布在我国四川、江苏、浙江、江西、贵州、福建、广东、广西、云南、台湾等地。

树蛙的种类

黑蹼树蛙树栖性强，体极扁平，胯部细，指、趾间的蹼发达，肛部和前后肢的外侧有肤褶，增加了体表面积。从高处向低处滑翔时蹼张开，可以减慢降落的速度。黑掌树蛙可从4—5米的高处抛物线式滑翔到地面，因而有飞蛙之称。

红蹼树蛙栖息在海拔2100米以下的热带地区，常在靠近静水池塘或水沟的灌丛和草地上活动，食瓢虫、蛾类、蝶类幼虫以及脉翅目昆虫。卵产于树叶上，雌蛙筑泡沫状卵巢。雄蛙有单咽下内声囊，鸣声悦耳。在我国，红蹼树蛙广泛分布于海南、广西、西藏、云南等省区。

海南树蛙栖息在小溪附近，卵产在溪边的水坑内，无卵泡。在中国的树蛙中，仅此种不产卵泡。

扩展阅读

人们一直认为，树蛙能够依靠脚趾将身体黏紧并倒挂在树枝上是一个自然奇迹。如今，印度理工学院坎普尔分院的科研小组受树蛙脚趾特殊结构的启发，突破性地研制出一种黏性超强的黏合剂，强度是普通黏合剂的30倍，而且每次从物体上撕落时都非常干净，不留任何痕迹。科学家们相信，这种新型黏合剂的用途将非常广泛。英国格拉斯哥大学的琼·巴尼斯一直致力于树蛙黏合性研究。他表示，向自然界学习是时代的必然趋势，未来科学家们将可以在自然界中找到更多类似的模型，用以改进这项黏合技术。

↓在树上“结婚生子”的树蛙

住在树上的雨蛙

生物族谱

☆门：脊索动物门

☆纲：两栖纲

☆目：无尾目

☆科：雨蛙科

雨蛙科有不同的生活方式，除了典型的树栖蛙类外，无论美洲还是大洋洲，均有些地下生活的穴居成员和陆地生活的成员，但是没有完全水栖的成员。

雨蛙家族

雨蛙是一种小型蛙类，雌体长约4厘米，雄体长约3厘米。雨蛙背面皮肤光滑呈绿色，腹面淡黄色，体侧及股前后具有黑斑。但是雨蛙科的成员并不是完全一样的，有不同的保护色，比如美洲的红眼蛙，静止不动时只显露绿色，与环境混为一体，行动时则显露出体侧鲜艳的颜色，以迷惑敌人。

雨蛙肩带弧胸型，椎体为前凹型。指、趾末端多膨大成吸盘，趾间有蹼，末两骨节间有间介软骨，适于树栖，雄蛙在咽下有单个外声

囊，鸣时膨胀呈球状。雨蛙白天伏在树根附近的石缝或洞穴内，夜晚栖息于灌木上。雨蛙以昆虫为食，以蚁类、椿象、象鼻虫、金龟子等为食。

天南海北的雨蛙

南美的雨蛙头部皮肤骨质化，可防御干旱，一般为陆栖或水栖。雌蛙的背面皮肤在繁殖季节会折叠成“囊袋”状或浅碟状，用以盛卵，也有的使卵完全裸露，贴在背上。

中国的雨蛙体形较小，背面皮肤光滑，身体呈现绿色，多生活在池塘边、稻田附近的灌丛、芦苇、高秆作物上。白天，它们匍匐在叶片上，黄昏或黎明时出来活动，冬天会冬眠。它们以蝽象、金龟子、叶甲虫、象鼻虫、蚁类等为食。在下雨以后，雨蛙会集体齐鸣，声音响亮。

↓荷叶上的青蛙

美丽致命的箭毒蛙

生物族谱

- ☆门：脊索动物门
- ☆纲：两栖纲
- ☆目：无尾目
- ☆科：毒蛙科

箭毒蛙是全球最美丽的青蛙，通身色彩鲜艳，四肢布满鳞纹，其中以柠檬黄最为耀眼和突出，但同时色彩鲜艳的箭毒蛙是世界上毒性最强的物种之一。

特殊的箭毒蛙

箭毒蛙是一种个体很小的蛙类，主要分布于巴西、圭亚那、智利等热带雨林中，最小的仅1.5厘米，只有少数可以长到6厘米。不过，它们长得异常美丽，体表的皮肤被五彩斑斓的颜色所包裹，通常颜色为黑与艳红、黄、橙、粉红、绿、蓝的结合，夹杂着黑色的斑纹。箭毒蛙一般栖居地面或靠近地面。箭毒蛙全部属于毒蛙科，但并非所有170种都有毒。

箭毒蛙生活在美洲的热带雨林里，以残翅果蝇、蚂蚁和蟋蟀为主食。为了增加自己的毒性，箭毒蛙

↓美丽的箭毒蛙

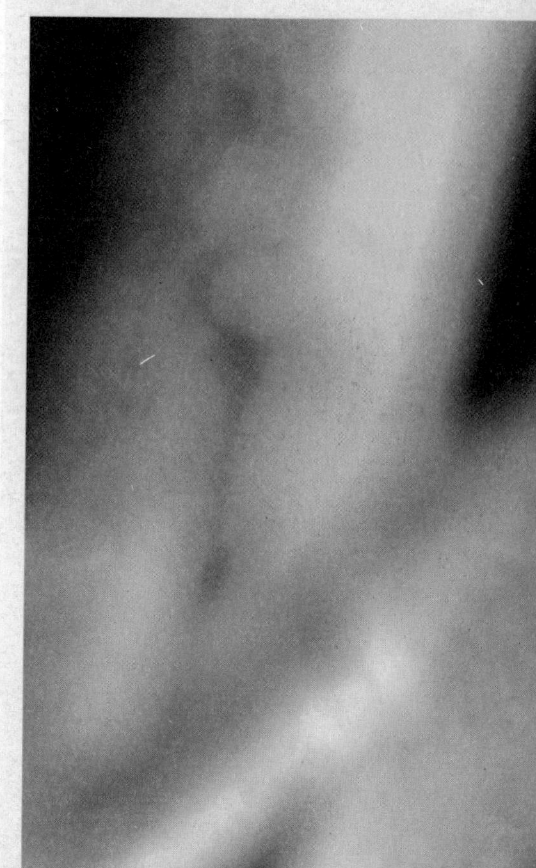

会多吃蜘蛛等具有毒性的生物，这些有毒生物的毒性会被箭毒蛙吸收转化为自身的毒液。

非同寻常的繁殖

箭毒蛙是很特别的物种，它们全年繁殖，喜欢在凤梨科植物附近交配，因为这种植物的叶片会形成一个小的“水坑”，能够使蛙卵有很好的生活环境。

雌雄蛙交配后，雌蛙在地面产下果酱般的卵团就离开了，而雄蛙就留在这里照看这些小东西。金色的箭毒蛙更为特别，雄蛙会将卵放在自己的背上，让卵在那里健康生长。等到卵长成蝌蚪后，雄蛙便将这些小蝌蚪放到有适量水的地方，因为这种蛙的蝌蚪是吃肉的，它们在一起会互相残杀，所以雄蛙还得把它们分散放到不同的地方。

箭毒蛙名字的由来

生活在当地的土著人，很巧妙地运用箭毒蛙的毒液从事捕猎活动。他们捕捉到箭毒蛙后，拴住不分泌毒液的箭毒蛙的腿，再轻轻地

刺激蛙的背部。土著人把箭毒蛙分泌的毒液涂抹在打猎的箭头上，一只箭毒蛙能够提供50支矛所需的毒素，毒性可以持续一年。所以，箭毒蛙的名字也就由此而来。

集美丽与毒性于一身

箭毒蛙是拉丁美洲乃至全世界最著名的蛙类，除了因为它们拥有非常鲜艳的警戒色外，还因为它们属于世界上毒性最大的动物之一。箭毒蛙体形很小，但色彩鲜艳的箭毒蛙的背上藏有毒液，箭毒蛙的皮肤内有许多腺体，它分泌出的剧毒黏液，既可润滑皮肤，又能保护自己，所以任何生物都不敢吃它。

箭毒蛙成员彼此之间的毒性也有差异，草莓箭毒蛙的毒素比其他箭毒蛙物种要小一些，毒素只是会使伤口肿胀并有燃烧炙热的感觉。黄金箭毒蛙则是箭毒蛙家族中毒性较强的一种，一只黄金箭毒蛙的毒素足以杀死10个成年人。

大部分箭毒蛙的毒液要进入动物的血液，才能够起作用。只要皮肤没有划破，就不会有性命之忧。但是，最毒的哥伦比亚艳黄色的箭毒蛙，仅仅接触就能伤人，毒素能被未破的皮肤吸收，导致严重的过敏。

箭毒蛙身体各处散布的毒腺会产生一些影响神经系统的生物碱，毒素会破坏神经系统，阻碍动物体内的离子交换，让动物的身体接收不到神经系统的命令。这样，心脏就不能够正常跳动，最后就停止工作了。

箭毒蛙家族

红带箭毒蛙体长约3.5厘米，皮肤的颜色由红色及黑色横宽带构成，趾端白色，非常显眼。红带箭毒蛙分布于哥伦比亚海拔850—1200米的山区，主要栖息于地面。

蓝箭毒蛙也叫蓝色毒镖蛙，体长3—4厘米，寿命可达到5年。蓝箭毒蛙一般有着蓝色的皮肤并有着黑色的斑块。在黑暗处，其皮肤呈深蓝宝石色，而在明处直接发磷光。这种蛙的皮腺能产生强毒，对大多数的人和动物都有致命的威胁。

箭毒蛙对环境的要求非常严格，只适合在热带雨林的气候环境中生存，如今真菌疾病、气候变化、栖息地的消失以及污染等原因，使箭毒蛙的数量在急剧减少。箭毒蛙现在已被列入世界濒危物种名单中。

全身涂满黏液的鱼螈

生物族谱

☆门：脊索动物门

☆纲：两栖纲

☆目：蚓螈目

☆科：鱼螈科

鱼螈有2属36种，分布于亚洲热带地区。蚓螈类体形似蚯蚓，头、颈区分不明显，四肢和带骨均退化消失，体表富有黏液腺，但鱼螈身体有些部位有鳞片的残余。

鱼螈的特征

鱼螈的身体呈蠕虫状，全长约38厘米。鱼螈没有四肢和尾，由于长期适应穴居，眼隐于皮下，眼鼻间有触突，体背棕黑，体侧具一黄色纵带纹。鱼螈栖息于林木茂密的土山地区，喜居水草丛生的山溪和土地肥沃的田边池畔，营穴居生活，通常昼伏夜出，以蠕虫和昆虫的幼虫为食。

版纳鱼螈

鱼螈科在我国有双带鱼螈和版纳鱼螈两种，最常见的是版纳鱼螈。

版纳鱼螈体长30—40厘米，头部扁平，体呈圆筒状，四肢和尾已经退化。被覆环褶或半环状皮肤褶，环褶的上表面有双行环形排列的小圆鳞。由于长期适应穴居，版纳鱼螈眼睛退化，仅可见点状残迹，幼螈有极不发达的上下尾鳍，在水中做游泳器官。

版纳鱼螈因首次发现于云南西双版纳而得名。版纳鱼螈分布在云南的西双版纳，广西壮族自治区的十万大山、大容山，广西、广东交界的云开大山一带，广东省肇庆的热带地区，是中国无足目两栖类的唯一代表。

版纳鱼螈生活在林木茂密的土山地区，多出现于水草丛生的山溪、小河，水流缓慢、土质肥沃、适于蚯蚓生活的岸边或水生作物的田边、池边，多栖息于与水相连的洞穴中。版纳鱼螈白天伏于洞内，夜间外出觅食，冬季气温下降时会冬眠，到次年春天气温回升时再出来活动。

知识链接

版纳鱼螈的染色体有中部着丝粒、亚中部着丝粒和端部着丝粒三种类型，双带鱼螈则无亚中部着丝粒的染色体。所以，版纳鱼螈和双带鱼螈放在一起，皮肤的染色体很容易区分。

↓蚯蚓一般的鱼螈

第三章 有鳞有甲的爬行动物

爬行动物是用肺呼吸的，是第一批真正摆脱对水的依赖而征服陆地的脊椎动物，可以适应各种不同的陆地生活环境。爬行动物也是统治陆地时间最长的动物，其主宰地球的中生代也是整个地球生物史上最引人注目的时代。那个时代，爬行动物不仅是陆地上的绝对统治者，还统治着海洋和天空，地球上至今没有任何一类其他生物有过如此辉煌的历史。

由于摆脱了对水的依赖，爬行动物的分布受温度的影响较大，受湿度的影响较小。现存的爬行动物除南极洲外均有分布，大多数分布于热带、亚热带地区，在温带和寒带地区则很少见，只有少数种类可到达北极圈附近或分布于高山上；而在热带地区，无论湿润地区还是较干燥地区，种类都很丰富。

小精灵绿海龟

生物族谱

☆门：脊索动物门

☆纲：爬行纲

☆目：龟鳖目

☆科：海龟科

绿海龟身体庞大，有一个扁圆形的甲壳，只有头和四肢露在外面，因为身上的脂肪是绿色的，因此得名绿海龟。它的体长为80—100厘米，体重70—120千克。

因“绿”而得名

绿海龟的头部呈暗褐色，两颊黄色，颈部深灰色，吻尖，嘴黄白色，头部略呈三角形，鼻孔在吻的上侧，眼睛较大，前额上有一对额鳞，上颌无钩曲，上下颌唇均有细密的角质锯齿，下颌唇齿较上颌长而突出，闭合时陷入上颌内缘齿沟，舌已退化。

它的背腹是相对扁平的，腹甲呈黄色，背甲呈椭圆形，颜色为茶褐色或暗绿色，上面带有黄斑，盾片镶嵌排列，有由中央向四周放射的斑纹，色泽艳丽。其中央有椎盾5枚，左右各有肋盾4枚，周围每侧还有缘盾7枚。

绿海龟的四肢可以像船桨一样在水中灵活地划水游泳。前肢浅褐色，边缘黄白色，后肢比前肢颜色略深。内侧指趾各有一爪，前肢的爪大而弯曲，呈钩状。雄性尾较长，相当于其体长的一半；雌性尾较短。

绿海龟的寿命

绿海龟尾部上的脊骨经盐酸处理后，可以隐约看出生长年轮。它在自然界生长速度较为均匀，以2—4岁时生长比率最高，寿命可达100岁以上。为了适应海水中的生活环境，绿海龟在眼窝后面还生有排盐的腺体，能把体内过多的盐分通过眼的边缘排出，还能使喝进去的海水经盐腺去盐淡化。

绿海龟的生活习性

绿海龟比较适合海水生活。它主要以鱼、甲壳动物、软体动物以及海藻等为食物。在我国西沙群岛，每年4—10月为海龟繁殖期。绿海龟到沿海沙滩掘穴产卵，每次产卵90—160枚。其卵为白色，球形，卵径34—45毫米。在自然条件下，经40—50天，仔龟出生。雌海龟一年可产卵数次。

知识链接

中医认为，海龟龟板可炼胶入药，是高级补品，行销国外，很受欢迎，对肾亏、失眠、肺结核、胃出血、高血压、肝硬化等病均有一定的疗效。据记载，龟掌有健胃、润肺补肾、明目等功效，龟油、龟血可治疗哮喘、气管炎，龟肝、龟胃、龟胆和龟蛋都可入药。

↓快乐的绿海龟

稀有的太平洋丽龟

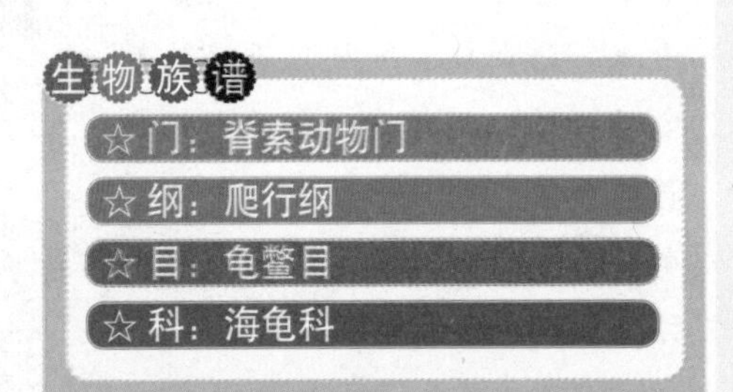

太平洋丽龟主要分布于印度洋、太平洋的温水水域。在我国沿海，虽然从南海至黄海南部均有丽龟的分布，但一般数量不多。

太平洋丽龟的生活也别具一格

太平洋丽龟主要栖息于热带浅海海域，并在该地区繁殖。一般要想捕捉到太平洋丽龟，需要在水深80—110米的地区，用捕对虾的拖网去捕捉。

这种龟会在每年9月至次年1月产卵，繁殖时有集群上岸产卵现象。产卵后，在巢区附近海域或分散在觅食地活动。它是杂食性动物，喜欢捕食底栖及漂浮的甲壳动物、软体动物、水母及其他无脊椎动物，偶尔也食鱼卵，亦吃植物性食物。

最“小”的龟

太平洋丽龟是海生龟类中最小的一种，一般甲长在600毫米左右，正常情况下不会超过800毫米。它的头背前有额鳞2对。其肋盾较多，有6—9对，第一对与颈盾相切。腹部有4对下缘盾，每枚盾片的后缘有一个小孔。四肢扁平如桨。头、四肢及体背为暗橄榄绿色，腹甲呈淡橘黄色。

太平洋丽龟的现状

目前，该龟在我国的产量不多，我国没有将其作为经济捕捞对象而大量捕捉。但在渔民的捕鱼捕虾中，常有所获。人们所抓获的丽龟，往往供食用，偶尔也会做成鱼粉或供观赏等。随着对海龟保护措施的完善，人工收集并孵化海龟卵再放回大海的工作，已在海龟产卵地的有关国家和地区开始进行。

扩展阅读

目前，许多国家已把丽龟列为保护动物，并已列入《濒危野生动植物国际贸易保护协定附录Ⅰ》禁止以商业性为主的国际贸易。我国第七届全国人民代表大会常务委员会第四次会议1988年11月8日通过的《中华人民共和国野生动物保护法》中，丽龟已被列为国家Ⅱ级重点保护动物，并于1989年3月1日起施行。

↓落日下，正在产卵的太平洋丽龟

巨大无比的棱皮龟

生物族谱

- ☆门：脊索动物门
- ☆纲：爬行纲
- ☆目：龟鳖目
- ☆科：棱皮科

棱皮龟，又称革龟，它的体形相对较大，最大体长可达3米，龟壳长2米多，体重可达800—900千克。棱皮龟多分布于热带和温带海域。

棱皮龟的模样

棱皮龟以其庞大的体形而闻名，是世界上龟鳖类中体形最大的一种，堪称“巨龟”。它的头部、四肢和躯体都没有角质盾片，而是覆以平滑的革质皮肤，背甲的骨质壳由数百个大小不整齐的多边形小骨板镶嵌而成，其中最大的骨板形成7条规则的纵行棱起，因此得名，也有人叫它革龟。

棱皮龟腹甲的骨质壳没有镶嵌的小骨板，而是由许多牢固地嵌在致密组织中的小骨构成。它的嘴呈钩状，头特别大，不能缩进甲壳之内。其四肢呈桨状，没有爪，前肢的指骨特别长。成龟身体的背面为

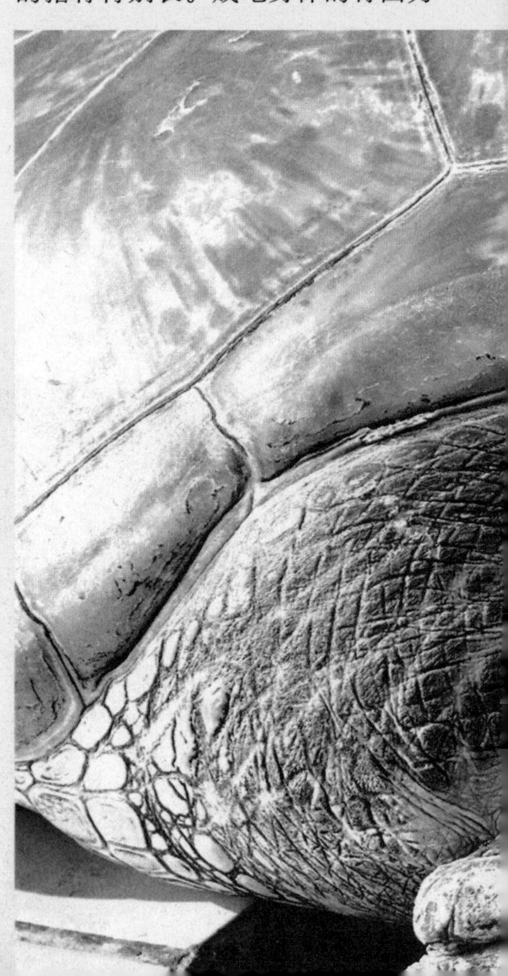

暗棕色或黑色，缀以黄色或白色的白斑，腹面为灰白色。

海洋中的“游泳健将”

棱皮龟一般主要栖息于热带海域的中上层，偶尔也见于近海和港湾地带。棱皮龟是一种善于游泳的动物，它的四肢巨大，并且变成了桨状，可持久而迅速地在海洋中游泳，故有“游泳健将”之称。在我国长江口海域曾经捕获过一只从英国不远万里游来的棱皮龟，足见其游泳本领之高强。

棱皮龟平时主要以鱼、虾、蟹、乌贼、螺、蛤、海星、海参、海蜇和海藻等为食，甚至包括长有毒刺细胞的水母等。它的嘴里没有牙齿，但是却在食道内壁有大而锐利的角质皮刺，可以磨碎食物，然后再进入胃、肠进行消化吸收。

↓棱皮龟

体型最小的扬子鳄

生物族谱

☆门：脊索动物门

☆纲：爬行纲

☆目：鳄目

☆科：短吻鳄科

扬子鳄是中国特有的一种鳄鱼，目前是世界上体形最细小的鳄鱼品种之一。它现在的生存数量非常稀少，已经被列为世界上濒临灭绝的爬行动物。在扬子鳄身上，至今还可以找到早先恐龙类爬行动物的许多特征。所以，人们称扬子鳄为“活化石”。

世界上最小的鳄鱼

扬子鳄的体形非常娇小，成年扬子鳄体长很少超过2.1米，一般只有1.5米长。它的吻又短又钝，属短吻鳄的一种。有意思的是，它的鼻孔有瓣膜，可开可闭。眼为全黑色，且有眼睑和膜，所以扬子鳄的眼睛可张开可合闭。因为扬子鳄的外貌非常像“龙”，所以俗称“土龙”或“猪婆龙”。

因为本身个体就小，所以体重也就相对较轻，约为36千克。其头部相对较大，鳞片上具有更多颗粒状和带状纹路。扬子鳄的全身有明显的分部，分为头、颈、躯干、四肢和尾。全身皮肤革制化，覆盖着革制甲片，腹部的甲片较高。背部呈暗褐色或墨黄色，腹部为灰色，尾部长而侧扁，有灰黑或灰黄相间手术纹。它的尾是自卫和攻击敌人的武器，在水中还起到推动身体前进的作用。

扬子鳄的四肢较短而有力，它的一对前肢和一对后肢有明显的区别：前肢有五指，指间无蹼；后肢有四趾，趾间有蹼。这些结构特点赋予它既可在水中、也可在陆地上生活的本领。

扬子鳄的生存

扬子鳄非常喜欢生活在淡水里，常栖息在湖泊、沼泽的滩地或丘陵山涧长满乱草蓬蒿的潮湿地带。

扬子鳄的个体虽然不大，但是它们非常灵活，具有高超的挖洞打穴的本领，头、尾和锐利的趾爪都是它的挖洞打穴工具。俗话说“狡兔三窟”，而扬子鳄的洞穴还超过三窟。它的洞穴常有几个洞口，有的在岸边滩地芦苇、竹林丛生之处，有的在池沼底部，地面上有出入口、通气口，而且还有适应各种水位高度的侧洞口。洞穴内曲径通幽，纵横交错，恰似一座地下迷宫。也许正是这种地下迷宫帮助它们度过了严寒的大冰期和寒冷的冬天，同时也帮助它们逃避了敌害而幸存下来。

扬子鳄常常以鱼、蛙、田螺和河蚌等作为食物，但有时会袭击家禽和压坏庄稼，加上它长相丑陋，长期以来被认为是有害动物而被捕杀，所以至今数量稀少。

“笨拙”的捕食者

扬子鳄的身体相对同类来讲还算灵活。当它们在陆地上遇到敌害或猎捕食物时，能纵跳抓捕；纵捕不到时，它那巨大的尾巴还可以猛烈横扫。

虽然捕捉食物它们很在行，可遗憾的是，扬子鳄虽长有看似尖锐锋利的牙齿，可却是槽生齿，这种牙齿不能撕咬和咀嚼食物，只能像钳子一样把食物“夹住”，然后囫囵吞咬下去。所以当扬子鳄捕到较大的陆生动物时，不能把它们咬死，而是把它们拖入水中淹死。

相反，当扬子鳄捕到较大水生动物时，又把它们抛上陆地，使猎物因缺氧而死。

↓扬子鳄

世界上体形最长的食鱼鳄

生物族谱

☆门：脊索动物门

☆纲：爬行纲

☆目：鳄目

☆科：长吻鳄科

食鱼鳄又名长吻鳄、恒河鳄，是鳄目的一种长吻爬虫类，栖于印度北部恒河等江河。食鱼鳄的身体修长，体色为橄榄绿。成年鳄的吻端有个肉质的圆形突起，但其功能尚不清楚。食鱼鳄是世界上体形最长的鳄鱼之一，体长可达4—7米，很少离开水，平日里以鱼为食，但偶尔也会猎食哺乳动物。食鱼鳄体形虽然大，但尚未传出吃人事件。

食鱼鳄的繁殖

食鱼鳄每次会产下40—90枚卵。它们会选择在沙地挖深洞产卵，卵铺成两层，共30—40枚，幼鳄孵出后体长约36厘米，全身布满灰褐色条纹。

为了保护自己的"后代"，雌鳄守着鳄鱼巢时，会变得有点攻击性，是一种警戒心非常强的鳄鱼。与其他鳄鱼不同，它们的口不大，不能载着小鳄鱼，所以孵出小鳄鱼后，雌鳄会引导小鳄鱼到水边。食鱼鳄在8—12岁时到达性成熟期，这时体长也会超过3米。

稀有的食鱼鳄

为了保持自然界的生态平衡，尼泊尔及印度近年来推动保育计划，已重新建立食鱼鳄的族群数量。食鱼鳄虽然受到法律的保护，但是野外种群仍然受到各种威胁。

↓食鱼鳄有着长长的嘴

长寿之龟

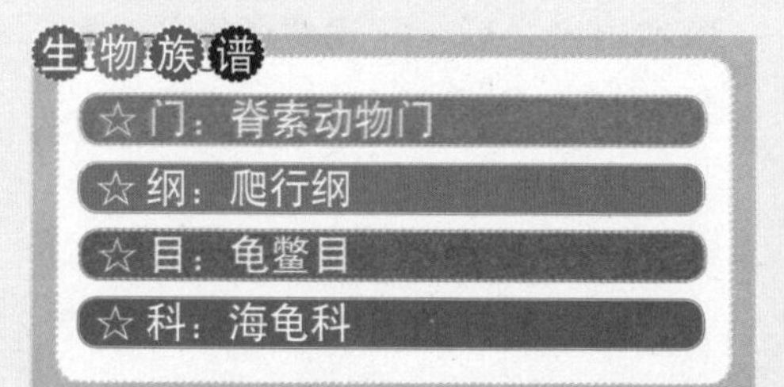

人们都管龟叫动物世界里的“老寿星”，自古也有“千年王八万年龟”之说。其实在脊椎动物进化的过程中，龟类也有着漫长的历史。

长寿的龟家族

科学家认为龟的长寿与它们的个子大小有关，个头大的龟就长寿，个头小的就短寿，像海龟和象龟都是龟类家族的大个子。这些是龟长寿的真正原因吗？那么，龟的寿命到底有多长呢？

据说，一位韩国渔民在沿海抓到过一只海龟，长1.5米，重90千克。其背甲上附着很多牡蛎和苔藓，估计寿命为700岁。它可以说是龟类家族的“老寿星”了。另外，一位西班牙海员曾经捕到一只海龟，长达2米，重300千克，有专家说它已经活了250年了。然而这些也只是估计，不能准确地反映龟的实际年龄。

其实，我们国家也有关于海龟年龄准确记录的例子。在上海自然博物馆里有一只刻字的老龟。那是在1971年人们捕获的一只大头龟，当时它生活在长江。它的背甲上刻有“道光二十年”（即1840年）字样，这分明是记事用的。众所周知，那一年，我国发生了鸦片战争，也就是从刻字的那一年算起，到捕获为止，这只老龟已经生活了132年之久了。另外，还有一只七代人饲养过的龟，一直到战争年代才中断。经过专家鉴定，这只海龟已经有300岁高龄了。

在龟类的国度里面，不同种类的龟，它们的寿命也是不同的，有的可以活到100多岁，可是有的只有短短的几十年。虽然它们是动物界中的“长寿冠军”，但是任何物种自从诞生的那天起，疾病和敌害就一直威胁着它们。所以长寿的龟种，事实上也不可能个个都“长命百岁”。再加上一些海洋环境的污染和人类的过量的捕杀，它们的生命也受到很大的威胁。

龟的寿命之谜

龟长寿的真正原因是什么？一部分的科学家认为，龟长寿可能与它们吃的食物有关，吃素的龟要比吃肉的龟长寿。但另一些龟类研究人员却认为不一定。比如以蛇、鱼、蠕虫为食的大头龟和一些杂食性的龟，寿命也有超过100岁的。

最近，一些科学家还从细胞学、解剖学、生理学等方面去研究龟长寿的秘密。研究结果表明，一组寿命较长的龟细胞繁殖代数普遍较多。有的动物解剖学家和医学家还检查了龟的心脏，他们把龟的心脏取出来之后，它竟然还能跳动整整两天。这说明龟的心脏机能较强，这和龟的长寿也有直接关系。

还有的科学家认为，龟的长寿，跟它的行动迟缓、新陈代谢较低和具有耐旱耐饥的生理机能有密切关系。

总之，科学家们从不同角度探索和研究龟的长寿原因，得出的结果也不一样。至于究竟是什么原因，还需要进一步的研究。

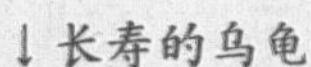
↓长寿的乌龟

灵活矫健的玳瑁

☆门：脊索动物门

☆纲：爬行纲

☆目：龟鳖目

☆科：海龟科

玳瑁是国家二级保护动物，一般在头顶会有两对前额鳞，上颌钩曲。其背面的角质板瓦状排列，看上去表面光滑且具有褐色和淡黄色相间的花纹。它的四肢呈鳍足状；尾相对短小，通常不露出甲外。玳瑁的性格非常暴躁，经常以鱼、软体动物和海藻等为食。

玳瑁的繁殖

玳瑁的产卵期一般为3—4月。它们在产卵时是非常讲究的，常常选择白天爬上沙滩扒穴产卵。其坑穴直径约20厘米，深约30厘米，产卵雌龟甲长为60—80厘米。正常情况下，一个产卵期内可分三次产卵，每次产卵数量为130—200个。

玳瑁的卵是球形的，壳比较软且富有弹性。直径约3.5毫米。相对来说，其孵化时间比较长，需要2个月左右的时间。初孵出的幼龟背甲未完全坚硬，但已有覆瓦状排列，龟甲长为43—48毫米。幼龟颈部可自由伸缩，但不能前后左右转动。

玳瑁的觅食习惯

每一种动物都有其独特的觅食习惯。玳瑁比较偏好在珊瑚礁、大陆架或者长满褐藻的浅滩中觅食。虽然玳瑁是杂食性动物，但它们最主要的食物仍是海绵。海绵占据了加勒比玳瑁种群膳食总量的70%—95%。不过像其他以海绵为食的动物一样，玳瑁只觅食几个特定的海绵物种，除此之外，其他海绵不会成为它们的食物。当然除海绵外，玳瑁的食物还包括海藻以及水母和海葵等刺胞动物。玳瑁还会捕食极为危险的水螅纲动物僧帽水母。玳瑁有时也会捕食虾蟹和贝类。为了达到自己的目的，在日积月累中，玳瑁对于其猎物已经有了很强的适应力和抵抗力。它们觅食的一些海绵，如鸡肝海绵和寄居蟹皮海绵等，往往对于其他生物体来说是剧毒的且致命的，但对于玳瑁来说却是安全的。

扩展阅读

玳瑁有剧毒不能食用，但能作药用，其清热解毒之功效可比犀角，是名贵的中药，有清热、解毒镇惊、降压之奇效。而今玳瑁属珍稀保护动物，已经被禁止捕猎。

↓游弋的玳瑁

图说经典百科

第四章

身披铠甲的海洋贝类

在广阔无际的海洋里，有着多姿多彩的贝类，你知道它有哪些种类吗？你能通过图片观察说出它们的名称吗？贝类除了有美丽的贝壳、令人垂涎的肉体外，还有很多有趣的故事。

海洋贝类具有丰富的生活史，你想知道海洋贝类的栖息地吗？继续往下看吧，不用走到海边，就可以接触品种丰富的贝类。

“横行霸道”的螃蟹

生物族谱

☆门：节肢动物门

☆纲：甲壳纲软甲亚纲

☆目：十足目爬行亚目

☆科：螃蟹科

螃蟹是甲壳类动物，它们的身体被硬壳保护着。螃蟹靠鳃呼吸，绝大多数种类的螃蟹生活在海里或靠近海洋，也有一些螃蟹栖于淡水或住在陆地。螃蟹是依靠地磁场来判断方向的。国内有名的螃蟹有阳澄湖大闸蟹、固城湖大闸蟹、天津紫蟹、莱州大蟹。

食蟹的趣味

吃蟹作为一种闲情逸致的文化享受，是从魏晋时期开始的。据《世说新语·任诞》记载，晋毕卓嗜酒，曾说：“右手持酒杯，左手持蟹螯，拍浮酒船中，便足了一生矣。”这种人生观、饮食观影响了许多人。从此，人们把吃蟹、饮酒、赏菊、赋诗，作为金秋的风流韵事，而且渐渐发展为聚集亲朋好友，有说有笑地一起吃蟹，这就是“螃蟹宴”了。

说起“螃蟹宴”，你一定会联想到《红楼梦》里有趣热闹的一幕。小说先写李纨和凤姐伺候贾母、薛姨妈剥蟹肉，又吩咐丫头取菊花叶儿桂花蕊儿熏的绿豆面子来，准备洗手。这时，鸳鸯、琥珀、彩霞来替凤姐。正在谈笑戏谑之际，平儿要拿腥手去抹琥珀的脸，却被琥珀躲过，结果正好抹在凤姐脸上，引得众人哈哈大笑。接下来，吃蟹的余兴节目开始，既有看花的，也有弄水看鱼的，宝玉提议：“咱们作诗。”于是大家一边吃喝，一边选题，先赋菊花诗，最后又讽螃蟹咏，各呈才藻，佳作迭见。

“横行将军”

螃蟹给人们印象最深的地方，应该就是横着爬行。因而，它就有了“横行将军”的绰号。“横行将军”很有目空一切的意味，于是，人们又经常把螃蟹作为横行霸道的象征。我国著名画家齐白石画的螃蟹图，题款就是“看你横行到几时”，寓意颇为深刻。

螃蟹究竟是怎样爬行的呢？当螃蟹爬行时，只能靠一侧步足弯曲，用指尖抓住地面，另一侧步足尽力向外伸展，当指端够到远处地面时便开始收缩；而原先弯曲着的一侧步足同时伸直，把身体推向相反的一侧，也就是说向侧方向前进了一步。不过，由于这五对步足的长度不同，真正的运动方向是指向侧前方。

但值得注意的是，不是所有的螃蟹都是横行的。螃蟹的横行在很大程度上是受体形的影响。在沙滩上生活的长腕和尚蟹，身体较窄，四对步足可以前伸，因此，它们的运动时常是向前奔走，而不是横行。还有，在海藻丛中生活的蜘蛛蟹，步足细长，身体长大于宽，它们能在海藻上垂直攀爬。所以，不能简单地用“横行”两个字来形容螃蟹的运动，“横行将军”只是大多数螃蟹的绰号而已。

↓螃蟹

爱藏身的寄居蟹

生物族谱

- ☆门：节肢动物门
- ☆纲：甲壳纲软甲亚纲
- ☆目：真虾总目十足目
- ☆科：寄居蟹总科

寄居蟹又称为“白住房”“干住屋”，由于它常常吃掉贝壳等软体动物，把人家的壳占为己有，因此而得名。寄居蟹多产于黄海及南方海域的海岸边，通常能在沙滩和海边的岩石缝里找到它，有时还在竹子节、椰子壳、珊瑚、海绵等其他地方看到它。随着它的长大，它会换不同的壳用来寄居，所以被称为寄居蟹。

共生的寄居蟹

寄居蟹通常与其他动物共生，寄居在海绵动物或腔肠动物体内，建立一种互利关系。比如某些寄居蟹会与水螅虫互利共生，水螅虫的刺丝胞能保护蟹；而水螅虫能在寄居蟹的壳上获得栖息的地方，在寄居蟹觅食时，水螅虫也能趁机获得食物。

寄居蟹多产自温暖地区海域的海岸边，通常能在沙滩和海边的岩石缝里找到它。寄居蟹外形介于虾和蟹之间，体形较长，分为头胸部和腹部。头胸部有头胸甲，前部较狭窄，钙化较强，后部扩展较宽，已经膜质，有明显的颈沟。

寄居蟹多在生态条件比较温和的珊瑚礁潮间带的上部，比如积水处的石块下面，因为这个地方不会受到波浪的冲击，低潮时也能保有水分，所以多数寄居蟹会选择聚集在这里。寄居蟹分为海栖和陆栖，在深海的种类较迟钝，以小的或死的动物为食；陆栖种为杂食性，行动迅速，会快速地逃逸躲藏。

寄居蟹的“新房子”

寄居蟹平时多在海边或浅水内

爬行，以螺壳、贝壳、蜗牛壳等为寄体。寄居蟹为了找到自己适合的房子，会向海螺发起进攻，把海螺弄死、撕碎，这样，这个壳就成为寄居蟹的房子了。当寄居蟹感受到有干扰时，会立即缩入壳内，用尾巴钩住螺壳的顶端，几条短腿撑住螺壳内壁，长腿伸到壳外爬行，用大螯守住壳口，使自己能躲避敌人的伤害。随着蟹体的逐渐长大，寄居蟹会不断寻找新的壳体作为自己的房子。

不同的寄居蟹种类

寄居蟹分海栖和陆栖两种，陆寄居蟹的左螯脚比右螯脚大，而海栖寄居蟹的螯脚则有不同的形态。通常海栖的寄居蟹会在海洋里或海滩礁岩浅水里发现，而陆寄居蟹则在海滩沿岸等内陆地带生活。通过进化，陆寄居蟹可以生活在陆地上，而且它的后腹部膜质化，会利用腹部的皮肤来呼吸所需的氧气，但是需要足够的湿度。陆寄居蟹的主要品种有凹足陆寄居蟹、橙红陆寄居蟹、皱纹寄居蟹、草莓寄居蟹、紫陆寄居蟹等。

凹足寄居蟹最引人注意的就是它们那一对鲜红色的触须。它们的体色有多种变化，由暗红色到灰褐色或者多色混合都有，但是它们的触须通常都是红色的。它们的眼柄有轻微的弯曲，这是其他寄居蟹所没有的。凹足寄居蟹的个性比较害羞，所以经常躲入海边的浅滩中，在夜间才出来觅食活动。

草莓寄居蟹是陆寄居蟹，分布在南北回归线之间的热带海域，通体鲜红，并且散布着白色斑点，很像草莓。这种寄居蟹可以在陆地上生活，但是它们无法远离海岸生活，因为产卵幼体的这一部分生命周期必须在海中完成。在草莓寄居蟹的生活中，它们需要经常补充胡萝卜素来维持鲜艳的体色。草莓寄居蟹同样有群居的习性，需要脱皮、换壳，一般其野生个体可以生存25—30年。

皱纹寄居蟹也是陆寄居蟹之一，它们的体色变化与凹足寄居蟹比起来有过之而无不及。其由白色到黑色之间的颜色几乎都有，最重要的特征是它们的螯肢和步肢都显得比较修长，两支螯肢的大小差别很小。皱纹寄居蟹可以算是宠物寄居蟹中与饲主的互动性最高的一种，因此也最受饲主欢迎。它们不但活泼大胆，喜欢攀爬，也很喜欢换新壳，生气十足。

中国特色的对虾

生物族谱

☆门：节肢动物门

☆纲：甲壳纲软甲亚纲

☆目：真虾总目十足目

☆科：对虾科

对虾，学名东方对虾，又称中国对虾、斑节虾，常常成对出售。对虾因为个体较大，又被称为大虾。

对虾的模样

对虾呈长筒形，左右侧扁，身体分为头、胸和腹部。成体雌虾大于雄虾，体色也有所不同：雌虾体色灰青，雄虾体色发黄。对虾体外覆盖着一层表皮细胞分泌而成的骨骼甲壳。

对虾身体的前部为头胸部，较粗短，分节不明显，有覆盖头胸部的背面和两侧的坚硬的头胸甲，前端中央有平直前伸、细长而尖利的额角，有保护眼睛和防御敌害的作用。

对虾腹部较长，肌肉发达，分节明显。自前到后逐节变细，腹部各体节的背面及两侧均覆盖有一比较坚硬的甲壳，前一片的后绿均覆于后一片之上，相连处的甲壳薄而柔软，前后折叠，以便于体节的活动。

对虾主要以多毛类、小型甲壳类和双壳类软体动物等无脊椎动物为食，有时也捕食浮游动物。对虾生活在沿岸浑浊的海域，对环境的适应能力较强，在低于10℃和高于30℃的温度条件下也能生存，常作大范围的移动和洄游。

集多种价值于一身

对虾营养丰富，而且肉质松软，易消化，对于身体虚弱以及病后需要调养的人来说是很好的食物。对虾含有丰富的镁，镁对心脏活动具有重要的调节作用，能很好

地保护心血管系统，可减少血液中胆固醇的含量，防止动脉硬化，同时还能扩张冠状动脉，有利于预防高血压及心肌梗死。对虾富含磷、钙，对小儿、孕妇尤有补益功效。对虾体内很重要的一种物质就是虾青素，就是表面红颜色的成分，虾青素是目前发现的最强的一种抗氧化剂，颜色越深，说明虾青素的含量越高。虾青素被广泛用在化妆品、食品添加剂以及药品中。日本大阪大学的科学家最近发现，虾体内的虾青素有助于消除因时差反应而产生的“时差症”。

对虾的养殖

虾苗的选择是对虾养殖成败的关键之一。因此，必须选用经检测不携带病毒和有害细菌的健康苗种。下面提供直观的选择方法供参考：如斑节对虾(青虾、角虾)苗：必须选用1厘米以上，个体大小均匀，体表干净，体色正常，无附着物，游动活泼，能逆水游动，虾体成一直线，游动时两眼张开，不游动时两眼和尾叶一会张开，一会闭合。

每个虾池最好能在东西南北中各设置一个饲料台。饲料台的设置有利于观察对虾的摄食情况及饲料的投放多寡。通过饲料台的观察，可了解和掌握对虾的胃饱满度、饲料投放是多是少及对虾粪便情况和对虾的分布情况，以便决定下餐饲料投放是增还是减及某一部分的投放量。

增氧机的配套，一般每亩匹配1匹，放苗密度超过6万尾的，应每亩配1匹以上的增氧机。增氧机的匹配最好是采用叶轮式、潜水式和纳米管三种机种配套，效果更佳。增设增氧机不但可避免对虾缺氧浮头，还可改善水环境，激活水况因子。

↓对虾

浮游的哲水蚤

生物族谱

- ☆门：节肢动物门
- ☆纲：甲壳纲桡足亚纲
- ☆目：哲水蚤目
- ☆科：哲水蚤科

哲水蚤种类很多，海洋种类即已超过1700种。哲水蚤目下面又分同哲水蚤族、等哲水蚤族和异哲水蚤族三个族系。前两者全是海生种族，在异哲水蚤族中有一些淡水种族和半盐水种族。

初识哲水蚤

哲水蚤为小型甲壳动物，身体呈圆筒形，体纵长且分节，明显分为头胸部和腹部。其头胸部显著宽大，头部有一眼点、两对触角、三对口器。两胸节分开，末胸节后端圆钝，第5胸节和第1腹节之间有一活动关节。腹部狭小无附肢，末端有一对尾叉，其后覆着有羽状刚毛，有雌雄区别。足部保持游泳足形状，为桡足类生物。

哲水蚤类分布广，数量大，通常生活于湖泊的敞水带、河口及塘堰中，是重要的桡足类生物。哲水蚤大多数浮游生活，少数种类属于底栖生活，可以在淡水区域生存，也有的种类可以在半盐水的环境中生存。作为小型生物，哲水蚤这类动物是许多经济鱼类和幼鱼的主要饵料，有些种类可作为家畜和人类的食料。

哲水蚤的用途

某些桡足类与海流密切相关，因而可作为海流、水团的指标生物；还有一些桡足类可以作为水体污染的指示生物。作为桡足类的哲水蚤，既可作为海流或水团的指示兵，又可作为实验生态、生理、生化的研究对象。

闪烁蓝色光芒的磷虾

生物族谱

- ☆门：节肢动物门
- ☆纲：甲壳纲软甲亚纲
- ☆目：真虾总目磷虾目
- ☆科：磷虾科

磷虾外形像虾，但个子较小，成群生活在海洋里。磷虾呈金黄色，其眼柄、胸部和腹部有微红色的球形发光器。每当夜晚，成群的磷虾在受惊急速逃窜时，能呈现出蓝色的美丽的磷光，像萤火虫一样。

磷虾的特征

磷虾，是龙虾和对虾的祖辈，辈分虽高，但进化很慢，不善于游泳，在海洋中过着漂移的生活，属浮游甲壳动物。磷虾是无脊椎动物，外形酷似小虾，身长1—2厘米，最大种类约长5厘米。其身体透明，可分为头胸部和腹部。头胸部各体节完全被头胸甲所覆盖，头胸甲两侧下缘光滑，或有侧齿。腹部分7节，附肢共19对，成体无活动片，但多有触须。其眼柄腹面、胸部及腹部的附肢基部都具有球状发光器，可发出磷光。

磷虾种类很多，全世界有85种。磷虾生活在远洋，有明显的群集性，属于浮游动物。磷虾的食性因年龄而异，幼体滤食硅藻和有机碎屑，成体捕食桡足类和其他小型浮游动物。在海洋水声物理学研究中，磷虾很受重视。另外，某些磷虾的分布又与一定的水团、海流有关，在海洋学研究中也有一定的意义。

南极磷虾

南半球的大洋有一股环绕南极大陆的寒流，它在向北流去时下沉；而来自太平洋、大西洋和印度洋的暖流在南下时，遇到这股下沉的寒流，就形成上升流。这股上

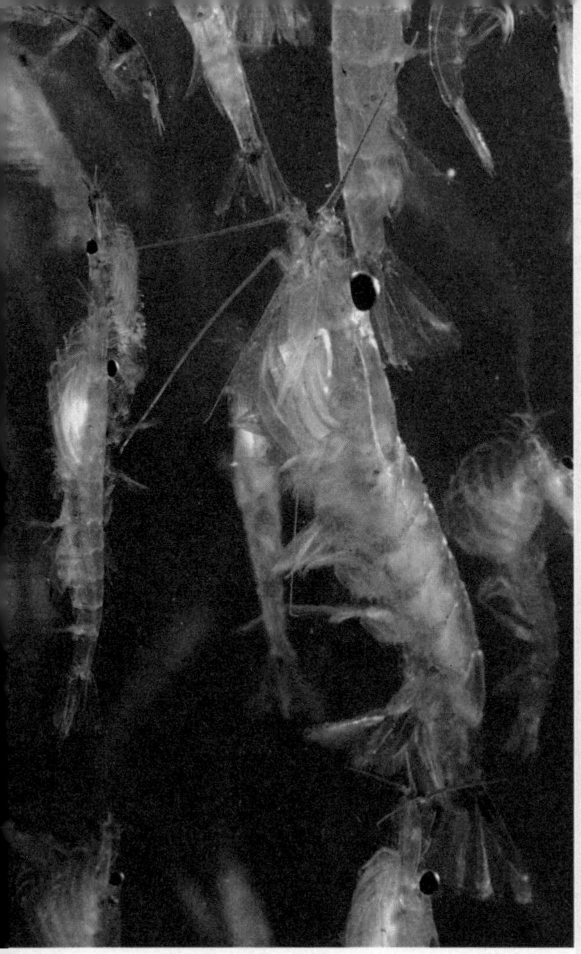

↑南极磷虾

升流含有丰富的营养物质，加之水暖，使得微生物大量繁殖，成为磷虾摄食和栖息的理想场所。

南极有磷虾8种，其中数量最多的叫南极大磷虾，它的体长是磷虾中最大的。南极磷虾长约5厘米，最长可达9厘米。其身体较透明，有红褐色斑点，额角短；头胸甲下缘有1对侧齿；大颚触须末节长与宽的比例约为1∶7。南极磷虾主要以浮游植物为主要食物，尤其是细小的硅藻。

南极磷虾的生活动力很差，喜欢群集生活，以便在遇到天敌和在恶劣环境中生活时能够相互照应、求得生存。在虾群中，每只虾的头部都朝着同一个方向排列着，聚集不散，而且每个群集漂浮在海面上的磷虾，都是由一个年龄段的虾组成。为了保护幼虾，幼虾和成虾基本上不会混杂在一起。

磷虾集体洄游时，海水也为之变色：在白天，海面呈现一片浅褐色；夜里则出现一片荧光。

南极磷虾的生物学意义

南极磷虾是南极生态系统的关键物种，在南大洋食物链中起着重要作用，也是重要的海洋生物资源。在海洋中，哺乳动物吃鱼，鱼吃虾，虾吃浮游植物，所以浮游植物、虾、鱼、哺乳动物之间就组成了一条食物链。全世界约有70%的鲸生活在南极海域，那里还生存着大量的海豹和企鹅，它们的食物来源就是磷虾。在南大洋生物的食物链中，如果磷虾灭绝或大大减少，捕食磷虾的巨鲸和其他鱼类等也将灭绝或减少，南大洋生态平衡也会随之破坏。因此，保护和适量捕捉磷虾，是保护南极生态平衡的关键之一。

善于伪装的蜘蛛蟹

生物族谱

☆门：节肢动物门

☆纲：甲壳纲软甲亚纲

☆目：真虾总目十足目

☆科：蜘蛛蟹科

蜘蛛蟹是海蟹的一种，因为8条腿特别长，外观形似蜘蛛，而且触角也比普通螃蟹多，所以被称为蜘蛛蟹。

蜘蛛蟹的特征

蜘蛛蟹长相丑陋，蟹壳上有很多凸起的圆球，8条腿细长，外形看上去像蜘蛛，所以得名蜘蛛蟹。最大的蜘蛛蟹是日本附近太平洋中的巨螯蟹，其两螯伸展时两端相距逾4米。蜘蛛蟹分布在暖水区的海洋里，一般生活在3600米深的海底，但有时会爬到浅海的沙滩上，以海底腐肉为食。

蜘蛛蟹有蟹类中最长的前螯，有坚硬的外壳，身体较厚实而圆，头常呈喙形。足细长，有尖锐的帮脚、长步行足，但是行动迟缓。体表一般覆以毛、刺或瘤突，还生长着海藻、海绵或其他生物。通常，蜘蛛蟹嘴流出像黏液的分泌物，把这些物质黏在身上，这样是为了躲避敌人，保护自己，比如印度洋的菱蟹伪装得像周围的珊瑚。

蜘蛛蟹与海葵共生

蜘蛛蟹头上经常戴着两朵“鲜花”。这两朵花其实是靠摄取水中动物为生的食肉动物海葵。海葵依附寄居在蜘蛛蟹壳上，蜘蛛蟹帮助不能移动的海葵在海中四处游荡，给海葵捕食提供了方便，也扩大了海葵觅食的领域。而蜘蛛蟹用海葵来保护自己，既可以借海葵来伪装，又可以借海葵分泌的毒液来杀死天敌，从而保障自己的安全。

知识链接

蜘蛛蟹每只重量普遍达1—2千克，因为生长于美国阿拉斯加等地区，所以在市场上看到的蜘蛛蟹，都是天然野生进口的。蜘蛛蟹肉美味可口，蛋白质丰富，目前主要销往高档酒店。由于它对环境要求很高，在运输和暂养过程中容易死亡，普通市场一般没有。市民如果要买，需提前向海鲜批发商预订。

扩展阅读

最大的蜘蛛蟹是日本的巨螯蟹，生活于大约400米深的海底，是世界上最大的螃蟹。它们有长长的爪，伸展后全长3.7米。它们的胸甲有64厘米宽，最大的有98厘米宽，伸展的蟹腿最长可超4米。

↓怪异的蜘蛛蟹

图说经典百科

第五章 海洋中的兽类

海洋兽类即海洋哺乳动物，在生物进化过程中具备了许多独有的特征：智力和感觉能力的进一步发展；保持恒温；繁殖效率的提高；获得食物及处理食物的能力的增强；体表有毛、胎生，一般分头、颈、躯干、四肢和尾五个部分；用肺呼吸；体温恒定，是恒温动物；脑较大而发达。

哺乳和胎生是哺乳动物最显著的特征。海洋兽类的视觉和嗅觉高度发展，听觉比其他脊椎动物有更大的特化，牙齿和消化系统的特化有利于食物的有效利用，四肢的特化增强了活动能力。下面就让我们一起来探索海洋兽类吧，看看它们与人类有怎样的关系！

体形巨大的座头鲸

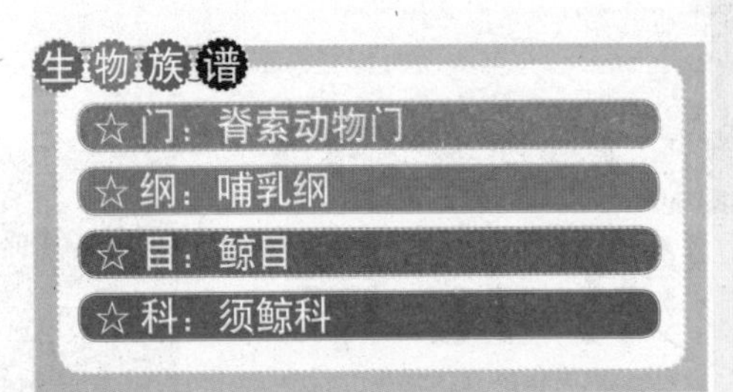

座头鲸是鲸类中较大的种类，主食小甲壳类和各种群游性小型鱼类等。座头鲸常发出类似“唱歌”的繁杂声音，因此受到海洋生物学家、音乐家、摄影师的钟爱。座头鲸是有社会性的一种动物，性情十分温驯可亲，成体之间也常以相互触摸来表达感情，但在与敌害格斗时，则用特长的鳍状肢，或者强有力的尾巴猛击对方，甚至用头部去顶撞，结果常造成皮肉破裂，鲜血直流。

座头鲸的特征

座头鲸成体非常庞大，一般来说，雄性平均体长为12.9米，雌性为13.7米，最大记录雌性18米，体重高达25—35吨。座头鲸一般背鳍较小，位于体后身长的2/3处；鳍肢很长，约为体长的1/3；尾鳍宽大，外缘亦呈不规则钳齿状。脸面褶沟较少，约有14—35条，可由下延伸达脐部。

座头鲸的背部是黑色的，并有黑色斑纹，腹部同为黑色，体包个体变异较大，鳍肢上方白色部分多于黑色部分。尾鳍腹面白色，边缘黑色。它的口一般较大，进食时上下颌有特殊韧带结构，可使口张开90度的角度。鲸须每侧有270—400片，须板和须毛皆是黑灰色。

由于它是须鲸种类，所以没有锁骨。座头鲸呼吸时喷起的雾柱粗矮，高达4—5米。深潜水时，座头鲸露出巨大的尾鳍，常将体躯跃出水面，或侧身竖起一侧鳍肢。座头鲸每年都会进行有规律的南北洄游。

座头鲸怎样捕食

由于体格庞大，座头鲸进食的方法也很奇妙。首先是冲刺式进食法。座头鲸一般会将下颚张得很大，侧着或仰着身子朝虾群冲过去，然后把嘴闭上，这时候，下颚下边的褶皱张开，吞进大量的水和虾，最后将水排除出去，把虾吞食。

除了冲刺式进食法，座头鲸还常用轰赶式进食法。这种方法最适合于捕虾。它喜欢将尾巴向前弹，把虾赶向张开的大嘴。这种方法也是只有当虾群特别密集时才适用。

第三种方法是从大约15米深处作螺旋形姿势向上游动，并吐出许多大小不等的气泡，使最后吐出的气泡与第一个吐出的气泡同时上升到水面，形成一种圆柱形或管形的气泡网，像一只巨大的海中蜘蛛编结成的蛛网一样，把猎物紧紧地包围起来，并逼向网的中心。它便在气泡圈内几乎直立地张开大嘴，吞下网内的猎物。这种捕食方法，同捕鱼者用两只渔船拉曳大型渔网，逐渐迫使鱼虾接近水面，然后一网打尽的情景一样。当猎物数量稀少时，座头鲸常常单独或仅有2—3只在一起觅食，而当猎物数量很多时，便形成8只左右的较大群体，有时不同群体之间还会互相争食。因此，食物的多少、分布和种类，也会直接影响座头鲸的数量。

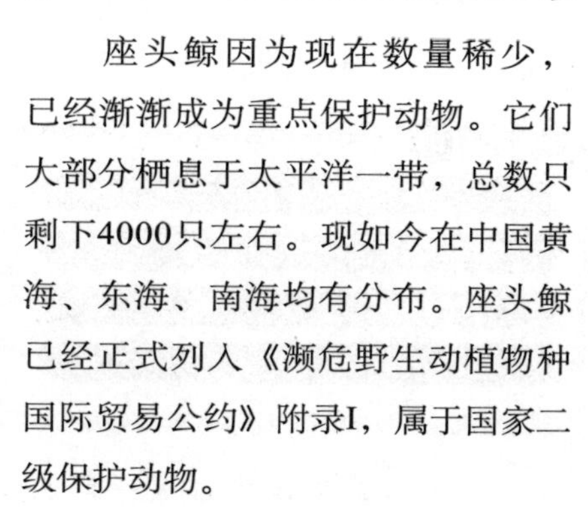

濒危的座头鲸

座头鲸因为现在数量稀少，已经渐渐成为重点保护动物。它们大部分栖息于太平洋一带，总数只剩下4000只左右。现如今在中国黄海、东海、南海均有分布。座头鲸已经正式列入《濒危野生动植物种国际贸易公约》附录I，属于国家二级保护动物。

虽然得到了法律的保护，可是它依旧无法平静地生活。除了人类的猎杀外，世界性的观鲸旅游活动也越来越多，这类活动渐渐形成了对座头鲸生活的新的威胁。游客们产生的喧闹声干扰了座头鲸的觅食活动，抛弃的大量塑料食品袋等废物被座头鲸误食后积聚在胃肠里，来自大型船只螺旋桨的拍击声更是使它无法平静下来。而有些捕鲸业发达的国家拒绝禁止或限制捕鲸，更使它处于濒临灭绝的境地。

↓座头鲸

四海为家的灰鲸

生物族谱

☆门：脊索动物门

☆纲：哺乳纲

☆目：鲸目

☆科：灰鲸科

灰鲸，又被称作东太平洋灰鲸，是一种每年来往摄食区和繁殖区的鲸。它们约有16米长，36千克重，平均寿命大概在五六十岁。因为灰鲸在被追猎时会奋力搏斗，因此还曾被称为“魔鬼鱼”。目前，它是灰鲸科中唯一且最古老的物种，在地球上生活已有约3000万年的历史。

灰鲸的模样

灰鲸整个身体呈暗灰色，其中腹部的颜色较体表稍微淡一些。灰鲸的身体上有很多不规则的白色斑点，这些斑点都是寄生虫遗留的伤痕。

灰鲸的鲸须每侧大概有130—180片，每条长40—50厘米。它的须毛又短又粗，基本上都是黄白色。灰鲸的体形较为粗胖，头长约为体长的1/5，尤其是鳍肢的附近最粗，然后由此向尾部逐渐变细。灰鲸的头呈三角形，头部与体长相比较小。

灰鲸虽然没有背鳍，但是在尾部背面有7—15个小的驼峰状隆起，其中数第一个最大。它的鳍肢宽厚，形似船桨，前缘凹凸不平。尾鳍的大小中等，外缘呈波状。胸腹部有2—4条纵沟，沟的前后长度达1.5米，但没有褶沟，仅在喉部有1—2米长的纵沟2—5条。有人认为褶沟的作用是当动物呼吸时有助于胸腔的扩大或缩小，摄食的时候可以增大口腔的容量，而灰鲸是现有须鲸中最原始的浅水类型，所以褶沟不如其他须鲸那么发达。

灰鲸有两个喷气孔，两个孔前端的距离较近，大约为7厘米，后端的距离稍远，大约为21厘米，

略呈“V”字形，喷气孔前后的长度约为20厘米。它喷出的雾柱又矮又粗，上面很平，彼此靠得很近，所以从后面看是挨得很近的两条雾柱，从侧面看上去就像只有一条雾柱一样。

灰鲸的家

据了解，灰鲸的分布极广，它们分别分布于北太平洋、北大西洋、北美洲沿海、鄂霍次克海、白令海、日本海和我国的黄海、东海、南海等温带海域附近。

这种大范围的分布与灰鲸迁徙的习惯是密不可分的。据了解，灰鲸是哺乳动物中迁移距离最长的种类，有时迁移距离可长达10000—22000千米。

举个例子，在太平洋的北美洲一侧，灰鲸从5月下旬到10月末穿过白令海峡和白令海西北部，到水温、光照都较适宜的北极圈内索饵，然后开始南移，穿过阿留申群岛，沿着北美洲大陆沿岸南下，平均每天行进大约185千米，12月份在水温较高、光照充分的加利福尼亚半岛的西侧以及加利福尼亚湾的南侧繁殖。2月份以后，灰鲸再次开始北进，但路线与南下时不同。从夏季的索饵场所到冬季的繁殖场所之间，灰鲸的往返距离为18000多千米。在太平洋的亚洲一侧，灰鲸从鄂霍次克海穿过宗谷海峡进入日本海，再沿着朝鲜东海岸经过到达中国的南海，其中还有一部分穿过对马海峡后北上进入中国的黄海。

灰鲸如何捕食

大自然中的生物大多相生相克，灰鲸主要的食物是水中的甲壳纲动物。按照生物学上的分类，它们属于须鲸，有鲸须，可以当作筛子用。灰鲸捕获的海中的小动物包括片脚类动物等，也顺带把沙、水和其他东西吃掉。通常，灰鲸会在它们迁徙途中进食。

↓灰鲸

驼背的中华白海豚

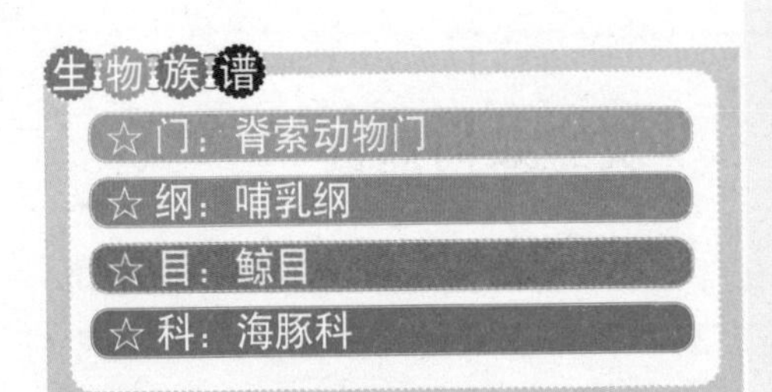

生物族谱

☆门：脊索动物门

☆纲：哺乳纲

☆目：鲸目

☆科：海豚科

中华白海豚又叫印度太平洋驼背豚，是世界上众多鲸类品种之一，在民间俗称白忌和海猪，是世界上78种鲸类品种之一，最常见于我国东海。

中华白海豚特征

中华白海豚的身形一般呈纺锤形，它的喙较为突出且十分狭长。刚出生的白海豚约1米长，发育完全后体长大概在2.0—2.5米，最长达2.7米，体重200—250千克。

中华白海豚的鳍非常有特点，一般背鳍比较突出，大约位于近中央处，呈后倾三角形。胸鳍较圆浑，基部较宽，运动极为灵活。尾鳍呈水平状，健壮有力，在中央分成左右对称的两叶，有利于其快速游泳。

中华白海豚的眼睛乌黑发亮，上、下颌的每侧都有32—36枚圆锥形的牙齿，齿列稀疏。吻部狭、尖而长，长度不到体长的1/10。喙与额部之间被一道“V”形沟明显地隔开。脊椎骨相对较少，椎体较长。鳍肢上具有5指。全身都呈象牙色或乳白色，背部散布有许多细

↓中华白海豚

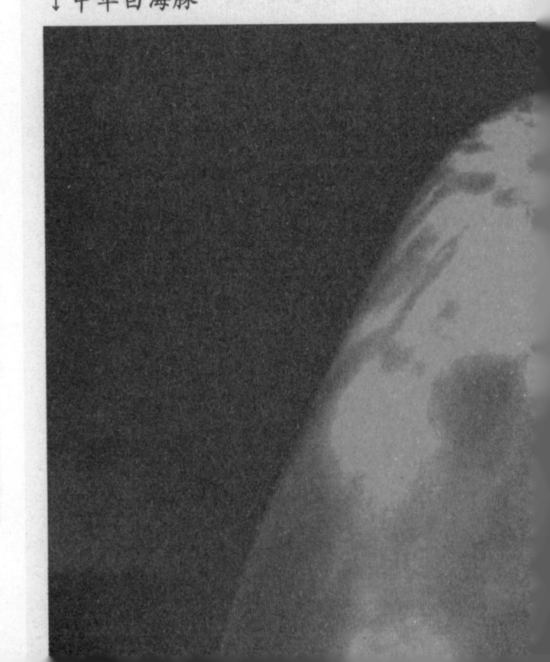

小的灰黑色斑点，有的腹部略带粉红色，短小的背鳍、细而圆的胸鳍和匀称的三角形尾鳍都是近似淡红色的棕灰色。

中华白海豚身上有的会呈现粉红色，而这种粉红色并不是色素造成的，而是表皮下的血管所导致的。这与调节体温有关。它的颜色一般会从初生的深灰色慢慢褪淡为成年的粉红色。除了母亲及幼豚，白海豚组群不会有固定的成员。它们的群居结构非常有弹性，而组群的成员也时常更换。

白海豚的饮食习惯

中华白海豚不同于其他的海洋动物，它的摄食消化系统与陆上哺乳动物完全一致。白海豚拥有健全的牙齿、食道、胃、肝、脾、肠。成年海豚上下颌共有锥形齿125—135枚，排列稀疏，其功能不在于咀嚼，而是用于捕食。其摄食对象主要是河口的咸淡水鱼类，可不经咀嚼快速吞食。解剖分析海豚的胃含物，主要有棘头梅童鱼、凤鲚、银鲳、乌鲳、白姑鱼、龙头鱼、大黄鱼等珠江口常见的品种，食性以中小型鱼类为主。

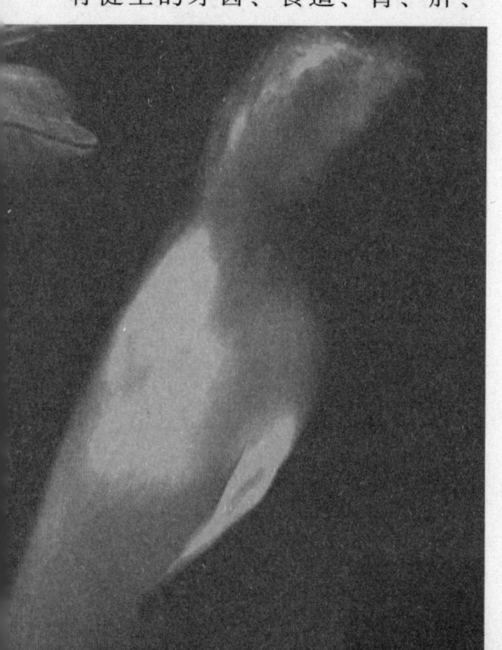

白海豚的回声定位

为了适应生存，几乎每种动物都有它特殊的功能。中华白海豚因为眼睛较小，视力较差，所以其辨别物体的位置和方向就主要靠回声定位系统。这一功能非常神奇，在白海豚的鼻孔下有一气囊，它主要靠鼻塞肉的开闭发声，这种声线在前额隆起处一个由脂肪组成的特有器官集中，按一定的频率进行发射；声音碰到不同的物体反射回来的不同频率信号，通过海豚下颚一个由脂肪组成的凹槽接收，传入内耳进行定位。

这个回声定位系统虽然复杂，但反应极其迅速准确，可以测出前面物体的大小、形状、密度结构和属性，并作出判断和反应。海豚这种特殊功能已被生命科学部门和军事部门进行仿生学研究。

凶猛的虎鲸

生物族谱

☆门：脊索动物门

☆纲：哺乳纲

☆目：鲸目

☆科：海豚科

虎鲸因为非常凶猛，所以又被称为杀人鲸。它是一种大型齿鲸，身长8—10米，体重9吨左右，背呈黑色，腹为灰白色，有一个尖尖的背鳍，背鳍弯曲长达1米，嘴巴细长，牙齿锋利，性情凶猛。虎鲸是一种典型的食肉动物，善于进攻猎物，是企鹅、海豹等动物的天敌。有时它们还袭击其他鲸类，甚至是大白鲨，可称得上是海上霸王。

虎鲸的歌唱

虎鲸有着十分强大的语言功能，说它“能说会道”一点都不为过。如果说座头鲸是鲸类中的“歌唱家”，白鲸是海中的“金丝雀”，那么虎鲸就是鲸类中的“语言大师”了。它能发出62种不同的声音，而且这些声音有着不同的含义。

举个简单的例子，虎鲸在捕食鱼类时，会发出断断续续的“咋嚏”声，如同用力拉扯生锈铁门窗铰链发出的声音一样。鱼类在受到这种声音的恐吓后，行动就变得失常了。虎鲸不仅能够发射超声波，通过回声去寻找鱼群，而且能够判断鱼群的大小和游泳的方向。这种能力，对生活在海洋里的食肉动物来说是十分重要的。因为海水下面十分黑暗，很难在这种环境里看清远处的捕食目标。

结伴出游的虎鲸

虎鲸同伴间眷恋性很强，是一种典型的群居动物，一般每群2—55只不等。它们每天总有2—3个小时静静地待在水的表层，因为

肺部充满了足够的空气，所以能够安然地漂浮在海面上，露出巨大的背鳍。

虎鲸是非常团结的一种动物，它们群体成员间的胸鳍经常保持接触，显得亲热和团结。如果群体中有成员受伤，或者发生意外失去了知觉，其他成员就会前来帮助，用身体或头部连顶带托，使其能够继续漂浮在海面上。它们就是在睡觉时也扎成一堆，这是为了互相照应，并保持一定程度的清醒。它们在一起旅行、用食，以种群为社会组织，在广大的家庭中休息，互相依靠着生存长大。

虎鲸的“母系社会”

虎鲸的社会形态属于“母系社会”，它们之间交配对象的选择比较复杂，并不是由雄性的力量决定一切。例如鲸群的族长有时能活到80岁，在晚年也有交配的例子，它们选择交配的对象一般是鲸群内部年长的雄性。

关于雌鲸选择对象的标准，科学家并不清楚，现在很少观察到虎鲸交配的场面。鲸群内没有父子关系和父女关系，雄性的责任是出去寻找食物，然后引导鲸群集体猎杀，分工明确，没有地位的高低。而在鲸群中，母女、母子关系则非常稳定，是一辈子的关系，一般不会离群，出现孤鲸的原因一般是受伤或迷路。当族群过大时，它们会选择合理地“分家”，从而产生一个新的族群。

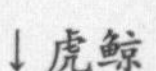

↓虎鲸

水中舞蹈家——斑海豹

生物族谱

☆门：脊索动物门

☆纲：哺乳纲

☆目：鳍脚目

☆科：海豹科

斑海豹是一种生活在温带海洋中的国家二级保护动物，国内多分布于渤海、黄海，国外大部分分布于西欧沿岸、波罗的海、俄罗斯北部至西伯利亚和北美沿岸，由于捕杀严重，现在已经濒临灭绝。

斑海豹的繁殖特征

斑海豹是一种群居动物，它们平时上百只聚集成群，捕食的食物主要是鱼类，有时也兼食甲壳类和乌贼，有迁徙性。斑海豹的孕期约11个月，繁殖期多成对，多为1仔。亲兽与幼仔组成家族群。哺乳期雌海豹凶暴，护幼性极强。斑海豹在冰上产仔，当冰融化之后，幼兽才开始独立在水中生活。斑海豹繁殖期不群集，仔兽出生后，组成家庭群，哺乳期过后，家庭群结束。少数繁殖期推后的个体则不得不在沿岸的沙滩上产仔。

斑海豹的体态

斑海豹从外形上依然传承了此类海洋动物纺锤形的特征，只是身体略显粗圆，体重为20—30千克。它的全身覆盖着短毛，背部蓝灰色，腹部乳黄色，带有蓝黑色斑点。头近圆形，眼大而圆，无外耳郭。吻短而宽，上唇触须长而粗硬，呈念珠状。

斑海豹的四肢均具5趾，趾间有蹼，形成鳍状，具锋利爪。后鳍肢大，向后延伸，尾短小而扁平。它的前肢朝前，后肢朝后，不能弯曲，游泳的姿势就像人伸开手脚俯卧的样子，这种体形十分适宜在大海中游泳。雌性斑海豹有一对乳房，毛色随年龄和季节而发生变化，幼兽色深，成兽色浅。初生仔有一层具有保护作用的白色绒毛。

斑海豹的泳姿

由于身体特殊的功能结构，斑海豹在游泳时主要依靠后肢和身体的后部左右摆动前进，能以每小时27千米的速度在水面附近游动。它潜水的本领更为高强，一般可以潜至100—300米的深水处，每天潜水多达30—40次，每次持续20分钟以上，令鲸类、海豚等海洋兽类也望尘莫及。

也许是长期要在水下生活的需要，斑海豹的眼睛对水下及陆地都适应得极好，晶状体大而圆，水的折射率与其角膜折射率几乎相等，因此在水中，光波通过它的角膜时不会发生弯曲折射，就如同在空气中传播一样，能使水下影像聚焦后形成在视网膜上。在有月亮的晚上，斑海豹可以借助水下昏暗的弱光探测到400多米深处的运动物体，从而捕捉猎物。

除了良好的视力，它在水中的听力也很好，能准确地定位声源。在潜水时，它的鼻孔和耳孔中的肌肉活动瓣膜关闭，还可以阻止海水进入耳、鼻。

正是基于这些良好的适应海洋的身体机能，斑海豹一生的大部分时间是在海水中度过的，仅在生殖、哺乳、休息和换毛时才爬到岸上或者冰块上。登陆后，它只能依靠前肢和上体的蠕动，像一条大蠕虫一样匍匐爬行，步履艰难，跌跌撞撞，十分笨拙可笑，活动的范围也不大。在海岸上群栖时，它们的警惕性很高，就是在睡觉时也经常醒来观察四周的动静。如果发现敌情，斑海豹则迅速从岸边高地或礁石上滚入水中，逃之夭夭。强壮的北极熊是它最大的天敌。

↓海豹戏水

温顺的僧海豹

生物族谱

- ☆门：脊索动物门
- ☆纲：哺乳纲
- ☆目：鳍脚目
- ☆科：海豹科

僧海豹，可以说是海洋动物家族中非常稀有且古老的种类，是世界上唯一一种一生都在热带海域中生活的海豹。历史上僧海豹曾一度在加勒比海和地中海大量地繁殖，由于人类的狂捕滥杀，今天僧海豹在世界其他地方已难觅其踪，而仅仅在夏威夷群岛北部生存着一个不大的群体。

可爱的僧海豹

僧海豹一般要大于普通海豹，它虽然没有外耳，但是有很好的听力。僧海豹脸上长着又黑又密的刚须，两只黑眼睛又大又亮，吻部短宽，额部高而圆突。僧海豹很聪明，对新鲜事物充满了好奇。

最难得的是，它们对人类很友好。当它们遇到在附近游泳的人时，就会好奇地游到人的面前，直愣愣地盯着人的脸看上一阵，然后悠然自得地游开。它们游泳的姿势非常优雅，好像根本不用鳍划水，只是身体略略晃动，便能毫不费力地在水中转来转去。在它们生活的海域，有着丰富的食物，僧海豹们吃饱喝足后，就在水中互相追逐，翻滚打闹。当然恼怒的时候，它们也会扭打撕咬，所以它们的身上经常有一些牙齿的痕迹。

说到具体长相，僧海豹相对于其他海豹还是很有辨识度的。一般，成体雄兽平均长2.14米，重172千克。一头大型雌兽长2.34米，重272千克。它们一般头部很圆，密被短毛，状如僧头，因此得名。吻突出膨大，须光滑，直而软，左右鼻孔间隔较宽。体黑棕色或栗色，腹面稍淡，无斑纹。仔兽被黑色软毛，哺乳期结束后蜕落。前肢的爪发达，后肢爪退化，外侧趾最长。腭骨后部呈V形。齿数32，颊齿宽大。

平日里，僧海豹一般以龙虾、裸胸鳝、豹鲆等鱼类和头足类等为食。正常情况下，僧海豹能潜水5—14分钟。其产仔期很长，可持续8个月，12月下到8月中、3—5月为高峰期；哺乳期5—6周。仔兽重16—18千克，长100厘米。僧海豹为水中交配，多配偶型。其繁殖场在夏威夷群岛的背风列岛上。

稀有的僧海豹

海洋生物中，很多已经因为人类的捕杀而面临灭绝，僧海豹也是其中的一种。现在世界上共有3种僧海豹，分别是夏威夷僧海豹、地中海僧海豹和加勒比僧海豹。

令人忧虑的是，加勒比僧海豹自19世纪50年代被发现以后一直未再见其踪影，有人怀疑这种僧海豹已经绝种了；地中海僧海豹曾经数量众多，但是今天已经处于濒危状态，据估计最多还有500多头；夏威夷僧海豹的处境也不妙，大约只有1500头。

在漫漫的历史长河中，三种僧海豹经历了不同的进化过程。但是，它们都是在几乎没有天敌的环境中生存下来的。所以，这三种僧海豹防卫天敌的本领就特别弱。在被贪婪的人们捕杀的时候，它们也很难保护自己。因此，僧海豹的种族才会不断衰落。

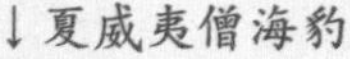
↓夏威夷僧海豹

北海狮的狮吼

生物族谱

☆门：脊索动物门

☆纲：哺乳纲

☆目：鳍脚目

☆科：海狮科

北海狮又叫斯氏海狮、北太平洋海狮、海驴等。它们的体形庞大，因为在颈部生有鬃状的长毛，叫声也很像狮吼，所以得名北海狮。

北海狮的模样

北海狮相对于其他海狮比较健壮。它的雄兽和雌兽的体形差异很大，一般雄兽的体长为310—350厘米，体重在1000千克以上；雌兽体长250—270厘米，体重大约为300千克。

北海狮的头顶略微凹陷，吻部较为细长，外耳壳很长，可达5厘米。雄兽在成长过程中，颈部逐渐生出鬃状的长毛，但没有绒毛。其身体主要为黄褐色，胸部至腹部的颜色较深，雌兽的体色比雄兽略淡，幼兽为黑棕色。雄兽具有很小的阴囊。

雄性成体颈部周围及肩部生有长而粗的鬃毛，体毛为黄褐色，背部毛色较浅，胸及腹部色深。雌性体色比雄性淡，没有鬃毛。面部短宽，吻部钝，眼和外耳壳较小。前肢较后肢长且宽，前肢第一趾最长，爪退化。后肢的外侧趾较中间三趾长而宽，中间三趾具爪。

北海狮的特异功能

北海狮也是一种群居动物。它们性情温和，常常在陆岸组成上千头的大群，海上多为几头或数十头的小群。它们主要的食物是底栖鱼类和头足类。

一般来说，北海狮的视觉较差，但听觉和嗅觉都很灵敏，尤其是在胡须的基部纵横交错地布满了神经，不仅有很强的触觉作用，而且是一个具有较高精确度的声音感受器，能向四周发射一系列的声信号，然后收集来自目标返回的回声，确定目标的大小和形状，从而准确地辨别物体。

曾经有人做过这样一个实验，首先慢慢地弯曲北海狮的胡子，这样即使超过一个很大的角度也不会产生信号，但如果以较高的频率弯曲它的胡子，就能产生很强的信号，即使对频率甚高的超声波也会有所反应。由此可见，它的定位信号不完全是由声带发出来的，在咽部的近后端也会发出这类信号，而且每个个体的声波波形都是独特的，这样就能够排除其他噪声的干扰。

发现了它们的这些特殊功能后，人们兴奋不已。为了试验它的嗅觉，有人曾经把一支带有麻醉剂的箭射向“哨兵”，随着“哨兵”中箭后的呻吟，其他群体成员便跑过来查看，它们一嗅到箭柄上麻醉剂的气味，便突然吼叫起来，一哄而起，争先恐后地向海里逃去。后来将箭柄上改为涂上一层它们的粪便，结果因为嗅不出任何异味，感觉不出任何可疑的问题，群体成员便仍然横七竖八地躺在地上安心睡觉。

聪明伶俐的北海狮

北海狮是一种非常聪明的动物，它们天资聪明伶俐，与海豚不相上下，所以经常被作为动物表演“嘉宾”来为人们表演节目。在人们的精心训练下，它们能代替潜水员打捞海底遗物，进行水下军事侦察和海底救生等，已被美国海军编入特种部队之中。

北海狮在淡水中也能生活，平衡器官特别发达，在动物园中可以表演用鼻子顶球、投篮、钻圈、用后肢站起来、用下颌顶东西、用前肢站起来倒立走路等高超的技艺，甚至还能跳越距水面1.5米高的绳索，而且这些技艺一旦学会，过几年以后仍然能够照样表演出来。北海狮表演之后还可以同观众握手致意，因而深受人们的喜爱。但因为北海狮皮肤薄，而且长满了硬毛，所以经济价值不大。全世界北海狮估计总数尚有25万—30万只。

↓海狮对峙

洄游的北海狗

生物族谱
☆门：脊索动物门
☆纲：哺乳纲
☆目：鳍脚目
☆科：海狮科

北海狗又称膃肭兽、海熊、阿拉斯加海狗等，是一种大型的海生哺乳动物。它们大多分布于北太平洋的广大地区，具有洄游习性。

北海狗特征

北海狗的雄兽和雌兽个体差异非常大。一般雄兽体长200—240厘米，尾长8—10厘米，体重180—300千克；而雌兽则会相对小很多，雌兽的体长仅为145厘米，体重63千克左右。甚至有的时候，雄兽和雌兽体形大小的差异能达到5倍以上，颇似成体和幼仔在一起。这样大的差异，在动物中是较为罕见的。

北海狗的体形呈纺锤形，吻部较短，头较圆，牙齿小，眼睛大。它的耳壳会比其他海狮小，尾巴也极小。其体毛厚密，生有粗毛，而且有短而致密的绒毛，但四肢的里面裸露，表面的毛也极少，皮下脂肪很厚。

它们的体色是不断变化的，随着年龄的不同，都会有所改变。雄兽背部的体毛由灰紫褐色至黑棕色，肩部有一些灰色毛，腹部颜色稍淡；雌兽的颜色较浅，为灰褐色。其四肢短，呈鳍状，前鳍肢长，背面裸露无毛，便于游泳和步行。其后肢在水中方向朝后，作为游泳的工具，但在陆地上则弯到前方，用于步行。

潜水“健将”

北海狗有自己独特的生理习惯。它们习惯拂晓摄食，白天的时候也多在海水中活动，只有到夜间

才会到岸上睡眠。

它们在摄食时可以潜水到100多米深，游速很快，时速大约可达27千米。除了繁殖地外，它们几乎不到其他陆地或岛屿上休息，一直在海里巡游，不形成特定的群体。北海狗一般以鲱鱼、沙丁鱼、青鱼等各种鱼类为食，又嗜食乌贼，常潜水到深处去捕食，其潜水速度之快也令许多动物望尘莫及，甚至超过鲸类和海豚。

一只体重45千克的海狗，在5分钟的时间之内，便可在海水中上下来回潜行336米。体重越大的个体，潜水的速度就越快，潜得也越深。在潜水时，它们采取停止呼吸、减慢血液循环、降低心率等方法，以保证足够的氧气供应，有时潜水时的心率仅为在水面时的1/10。

北海狗爱吃独食

北海狗饥饿时可以将整个食物囫囵吞下，吃饱以后喜欢肆意糟蹋食物。北海狗在行动时也比较自私，显得拘谨而刻板。即使在数目众多的群体中，相互之间也并不关照。有时在捕猎的过程中邂逅相遇，则会放弃即将到手的猎物，而去与对方争斗。如果遇到危险，不仅各自逃命，还会将同伴甚至幼仔献出，以便自己逃之夭夭。

北海狗对人类的意义

因为北海狗对自己的成长环境要求并不是很多，所以相对驯养起来较为容易。

另外，北海狗的毛皮非常珍贵，毛皮质地优良，尤以1—2岁者质量最好，皮板轻而坚固，绒毛致密，美丽而光亮。它的皮张大多被拔掉粗毛加工成毛皮、外套、夹克及其他制品，其中光亮柔软的皮氅被称为“千金裘”，是极为名贵的高级毛皮。

除此之外，它的肉可以作为其他陆生毛皮兽类的饲料。用它的脂肪提炼而成的油，可治疗伤风、支气管炎、哮喘病、皮肤病等，也可以用于护肤或揉制皮革。

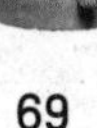

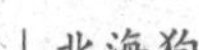

↓北海狗

图说经典百科

第六章

海洋中的鱼类

我们把栖息于海洋水域的鱼类叫作海洋鱼类。海洋鱼类在从两极到赤道海域，从海岸到大洋，从海水表层到万米左右的深渊中都有分布。生活环境的多样性促成了海洋鱼类的多样性。但由于生活方式相同，海洋鱼类产生了一系列共同的特点：具有呼吸水中溶解氧的鳃，鳍状的便于在水中运动的肢体，能分泌黏液以减少水中运动阻力的皮肤。此外，在体形结构、繁殖生长、摄食营养、运动等方面都有其特点。下面就让我们一起来探索海洋鱼类吧，看看它们有什么样的特点与共性！

“口歪眼斜”的比目鱼

生物族谱

☆门：脊索动物门脊椎亚门

☆纲：鱼纲辐鳍亚纲真骨下纲

☆目：鲽形目

☆科：鲆科、鲽科、鳎科

比目鱼是一种两只眼睛长在一边还口歪的鱼，虽然相貌古怪不好看，但正是因为这独特的模样，成为象征爱情的鱼。

比目鱼的模样

比目鱼主要生活在温带海域，是温带海域重要的经济鱼类。比目鱼栖息在浅海的沙质海底，这是因为比目鱼已经不适应漂浮生活，只好横卧海底了。它们静止时一侧伏卧，部分身体经常埋在泥沙中，靠捕食小鱼虾为生。它们会根据季节的更替，做短距离的集群洄游。

比目鱼的身体扁平，一般体长25—50厘米，最长的有70厘米。其身体表面有极细密的鳞片。

比目鱼只有一条背鳍，从头部几乎延伸到尾鳍。比目鱼最显著的特征是两眼完全在头的一侧，是两只眼睛长在一边的奇鱼，所以得名比目鱼。比目鱼的体色能随环境的颜色而改变，有眼的一侧与周围环境配合得很好，下面无眼的一侧为白色。

比目鱼幼体长相很普通，眼睛对称长在头部两侧。但是当它长到20多天，体长达到1厘米左右的时候，形态就开始变化了。一侧的眼睛通过头的上缘逐渐移动到另外一边，直到跟另一只眼睛接近。在比目鱼眼睛的移动过程中，比目鱼的体内构造和器官也发生了变化。

比目鱼的种类

虽然比目鱼的眼睛都长在身体的一侧，但是有的种类在左边，有的种类在右边，各有不同，所以比

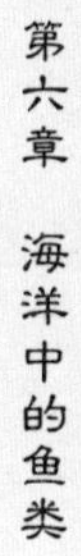

目鱼也就有了差别。鳎和鲽也是比目鱼的一种，但是形态特征上有所不同。

鳎种类很多，同许多其他比目鱼一样，体长侧扁呈鞋底状或舌状，两眼都在身体的一侧，两眼小，均位于头的右侧，背臀鳍完全与尾鳍相连，主要分布在热带和亚热带，侧卧在海底的泥沙上，捕食小鱼。其中分布于印度洋、太平洋海区的豹鳎，其背、臀鳍基小孔内的鳍线所分泌的液体，具有毒性。

鲽，比目鱼的一种，身体极为扁平，呈椭圆形，一般两眼上方的眼睛靠近头顶，双眼位于身体同一侧，或左或右，有眼的一侧黄褐色，无眼的一侧白色。鲽全身布满细小的栉鳞，分布于西太平洋沿岸，主要以其他鱼类为食。

趣味阅读

在很久很久以前，海里住着一群鱼儿，经常有些蛮横的大鱼欺负较弱的小鱼，很多鱼为此愤愤不平。有鱼提议选出一个国王来维持海里的秩序，这个提议得到了大家的认可。大家商量通过游泳比赛来选出国王。最终金鱼取得了胜利，成了国王，小心眼的比目鱼不服气。比目鱼一气之下，气得嘴巴歪到了一边，它急忙赶到大家面前，说自己没有来得及，不承认这次结果。比目鱼的自不量力让大家很生气，金鱼一个耳光，把比目鱼的两只眼睛打在了一起。从此，比目鱼的嘴巴歪了，眼睛也长到了一起，变成了现在这副模样。

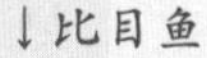

↓比目鱼

镶着银环的带鱼

生物族谱

☆门：脊索动物门脊椎亚门

☆纲：鱼纲辐鳍亚纲真骨下纲

☆目：鲈形目

☆科：带鱼科

带鱼的体形就像它的名字，因身体扁长似带状而得名。带鱼肉肥而刺少，味道鲜美，营养丰富，是一种常见的经济鱼类。

带鱼的特征

带鱼又叫刀鱼、牙带鱼，体长扁侧呈带状，头尖口大，到尾部逐渐变细，好像一根细鞭。体表为银灰度色，鳞片退化，但表面有一层银粉，侧浅在胸鳍上方，向后显著弯下，沿腹线直达尾端。背鳍极长，无腹鳍，背鳍及胸鳍呈浅灰色，带有很细小的斑点，腹部有游离的小刺，尾巴为黑色。

带鱼是一种比较凶猛的海洋肉食鱼。其牙齿发达且尖利，游动时不用鳍划水，而是通过摆动身躯来向前运动。若发现猎物时，背鳍就急速震动，身体弯曲，扑向猎物，动作十分敏捷。带鱼经常捕食毛虾、乌贼及其他鱼类，在食物缺乏时也会同类相残。

带鱼属于洄游性鱼类，具有结群排队的特性，白天群栖息于中、下水层，头向上，身体呈垂直，只靠背鳍及胸鳍的挥动，晚间上升到表层活动。每年春天气温回暖、水温上升时，带鱼会成群地游向近岸，由南至北作生殖洄游；冬至时，水温降低，带鱼又游向水深处避寒。

“秀色可餐”的鱼

带鱼肉嫩体肥、味道鲜美，只有中间一条大骨，无其他细刺，食用方便，而且带鱼具有很高的营养价值，中医认为它能和中开胃、暖胃补虚。带鱼肉中含有丰富的镁元素、蛋白质和多种不饱和脂肪酸，对心血管系统有很好的保护作用，有利于预防高血压、心肌梗死等心血管疾病。重要的是，带鱼全身的鱼鳞硬蛋白和银白色油脂层中含有纤维性物质，这层物质中含有抗癌成分，可以抑制胆固醇，也可以抗癌，对辅助治疗白血病、胃癌、淋巴肿瘤等有益。常吃带鱼还有养肝补血、泽肤养发、健美的功效。

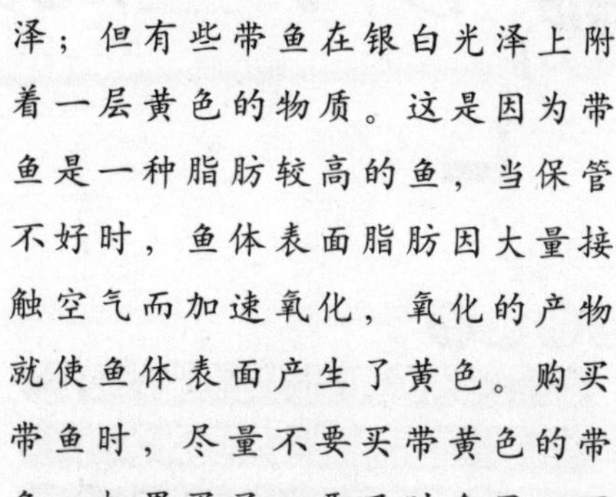

知识链接

新鲜带鱼为银灰色，且有光泽；但有些带鱼在银白光泽上附着一层黄色的物质。这是因为带鱼是一种脂肪较高的鱼，当保管不好时，鱼体表面脂肪因大量接触空气而加速氧化，氧化的产物就使鱼体表面产生了黄色。购买带鱼时，尽量不要买带黄色的带鱼，如果买了，要及时食用，否则鱼会很快腐烂发臭。

↓常吃带鱼可养肝补血、润泽肌肤，对头发的生长也很有好处

沙丁鱼的大作用

生物族谱

☆门：脊索动物门脊椎亚门

☆纲：鱼纲辐鳍亚纲真骨下纲

☆目：鲱形目

☆科：鲱科

沙丁鱼，香港人称沙甸鱼，又称萨丁鱼、鰯，也被称为“鳁”，是一些鲱鱼的统称。这种类型的鱼为细长的银色小鱼，通常被用来做罐头食品，是一种营养价值较高的鱼类。

认识沙丁鱼

沙丁鱼体积较小，身体侧扁，主要有银白色和金黄色等品种，是世界上重要的经济鱼类之一。沙丁鱼体被圆鳞，腹部鱼鳞为棱状，不易脱落，头部无鳞，背鳍短且仅有一条，无侧线，体背部青绿色，腹部银白色，体侧有两排蓝黑色圆点，上排斑点不显著，下排斑点一般为6—9个，多数为7个。沙丁鱼的鳃盖骨上有显著的放射形隆起线。

沙丁鱼主要是食用鱼，有著名的沙丁鱼罐头，而且沙丁鱼中含有一种脂肪酸，可防止血栓形成，对治疗心脏病有特效。有时鱼肉也会用做动物饲料，沙丁鱼的鱼油可以用来制造油漆、颜料和油毡，在欧洲还用来制造人造奶油。

沙丁鱼的习性

沙丁鱼通常分布于东北大西洋、地中海沿岸等温带海洋区域中，一般密集群息，沿岸洄游，主要以浮游生物和硅藻为食。沙丁鱼为近海暖水性鱼类，一般栖息于水的中上层，春季沿海水温升高，鱼群向近岸作生殖洄游，夏季逐渐随南海暖流向北洄游，秋季表层水温下降时会向南洄游，冬季由于沿海水温降低而逐渐转栖于较深海区。

沙丁鱼的营养价值

沙丁鱼富有惊人的营养价值。一罐沙丁鱼犹如一个营养丰富的集合体，富含磷脂、蛋白质和钙。咸水鱼类具有保护心血管健康的特殊成分——磷脂。根据美国心血管协会的网站内容显示，这种特殊脂肪酸可以减少甘油三酯的产生，并有逐渐降低血压和减缓动脉粥样硬化速度的神奇作用。孕妇在妊娠期应多吃鱼类，如沙丁鱼，因为沙丁鱼富含磷脂。同时沙丁鱼中的磷脂对于胎儿的大脑发育具有促进作用。除了磷脂，沙丁鱼还含有大量钙质，尤其是在鱼骨中。罐装沙丁鱼的鱼骨很松软，可以安全食用。

知识链接

鲱鱼也就是青鱼。鲱鱼头小，身体呈流线型，体长而侧扁，体侧银色闪光、背部深蓝金属色，平时栖息在较深的海域，以浮游甲壳动物以及鱼类的幼体为食。鲱鱼是世界上数量最多的鱼类之一。其体内多脂肪，营养价值高，供鲜食或制罐头食品，鱼卵巢大，富有营养，为重要出口水产品之一。

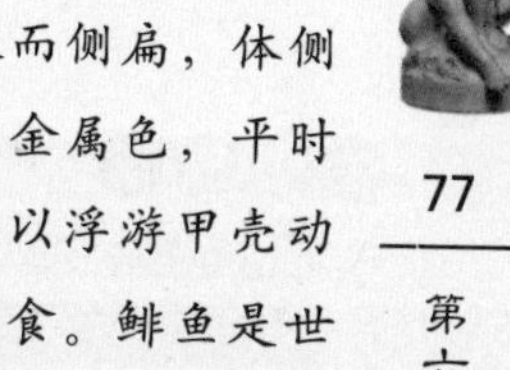

↓沙丁鱼

身体扁平的锯鳐

生物族谱

☆门：脊索动物门脊椎亚门

☆纲：软骨鱼纲板鳃亚纲

☆目：犁头鳐目锯鳐亚目

☆科：锯鳐科

锯鳐是几种像鲨的鱼类的统称，是鲨鱼的亲缘种类，以前曾广泛地生活在地中海和大西洋东部。但是如今，锯鳐面临着绝种的危险。

认识锯鳐

锯鳐属于软骨鱼，和鲨鱼一样古老，最早的化石见于白垩纪，也就是说它已经至少有6600多万年的历史了。在长期的进化过程中，锯鳐的身体形态也发生了一些变化。

锯鳐身体扁平，有2个背鳍，背鳍上没有硬棘；胸鳍前缘伸达头侧后部；尾部粗大，而且尾鳍发达，最大的体长可达7米。锯鳐也是很凶猛的鱼类，而且行动敏捷，游动迅速，平时将身体潜伏在泥沙中，以海底甲壳类动物为生。

尤为特别的是，锯鳐有着又长又硬又锋利的吻锯（它也由此而得名）。它的吻部狭长，为一个扁平的板，两侧有齿状突起，边缘有坚硬的吻齿，像一把锯子。这把锯子最长可达20厘米，但是锯吻上没有肉质触须。锯鳐的吻锯常用于摄食活动，或用之发掘底层生物，锯鳐也凭借锋利的吻锯，在鱼群中挥舞，残杀或击伤群鱼。锯鳐甚至可以在鱼群中横冲直撞，比锯鳐本身还大的鱼，也难逃脱吻锯的伤害。

锯鳐的捕食方式十分独特，也具有凶残嗜血的本性。它在海中挥舞着那又长又硬、锋利无比的锯子，对鱼群进行大屠杀。锯鳐先用长剑般的顶端把猎物击伤，然后利用其锯齿形的嘴部不断来回撕扯猎物，就像用锯子锯木头一样，将猎物完全挫伤之后，再慢慢地把猎物吞食掉。

锯鳐是暖水性底栖鱼类，通常在海水和淡水中交替生活，一般分布于世界热带及亚热带浅水区，有些也生活在近岸海区和江、河、湖泊的河口，甚至有些物种的锯鳐完全栖息在河口或河流上游。

不同种类的锯鳐

锯鳐共有6种，其中3种比较常见，分别是大齿锯鳐、小齿锯鳐、尖齿锯鳐。

尖齿锯鳐分布在中国南海和东海南部，也见于红海、印度洋、印度尼西亚。尖齿锯鳐行动滞缓，常潜伏在泥沙上，摄食泥沙中的甲壳类或其他无脊椎动物。锯鳐的身体长而平扁，头为三角形，牙细小而多平扁光滑，铺石状排列。

尖齿锯鳐的背面稍圆凸，腹面平坦，尾部宽大向后、逐渐变得细小，尾鳍宽短，背鳍2个，无硬棘，胸鳍很大，上下叶都很发达。它的背面暗褐色，腹面白色，体背面肩上、胸鳍和腹鳍前缘有一浅色横条。身体光滑，有的具有稀疏的细鳞。尖齿锯鳐的吻平扁而长，呈剑状突出，有3—4块钙化软骨，边缘有坚大吻齿。

小齿锯鳐常分布于印度洋、印度尼西亚、大洋洲东北部。小齿锯鳐也具有剑状的吻端，与其他锯鳐的区别是，小齿锯鳐的吻齿有17—22对，第一背鳍起点前于腹鳍起点，尾鳍下叶前部三角形突出。小齿锯鳐的数量如今也非常稀少，是一种濒危生物。

锯鳐翅的食用价值

鱼翅供食部分主要为软骨鱼类鳍中的软骨，由软骨细胞、纤维和基质构成。有机成分主要有多种蛋白质如软骨黏蛋白、胶原和软骨硬蛋白等。鱼翅软骨含胶原较多，形似筋质，遇热后可膨胀软化，直至成动物胶。

鱼翅干品每100克约含蛋白质达83.5克，但因缺少色氨酸，属不完全蛋白质。烹调时须注意配以色氨酸含量较多的配料，如肉类及鸡、鸭、虾、蟹、干贝等，达到营养互补作用。此外，干鱼翅含有丰富的钙、磷、铁，有降血脂、抗动脉硬化及抗凝作用，适当食用对冠心病疾患有一定的疗效。

鳐鱼↓

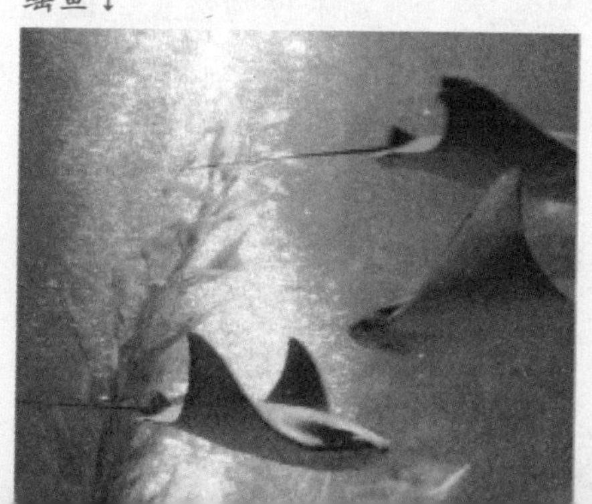

雄性“生育”的海龙

生物族谱

☆门：脊索动物门脊椎亚门

☆纲：鱼纲辐鳍亚纲真骨下纲

☆目：刺鱼目

☆科：海龙科

在澳大利亚的海里有一种特殊的鱼，叫海龙，也称杨枝鱼、管口鱼，是一种硬骨鱼。这种鱼跟海马是亲戚，每个小海龙都是由雄性海龙来“生育”的。

海龙的模样

海龙的长相很古怪，生长在海底的海草中，常常会被人认为是海草。海龙不仅吻特长，似龙嘴，而且体形特长，有一层硬的骨质环包围着身体。有些种类的海龙还长着漂亮的小尾巴，很像神话中的龙，又因为它长期生活在海中，所以叫“海龙”。

有的海龙身体细长，狭长而侧扁，中部略粗，尾端渐细而略弯曲，背有环状骨板，呈暗褐色，有点像树枝，所以也叫杨枝鱼；又因为形状像马鞭，还叫马鞭鱼；有的身体上的花纹像铜钱，故又有钱串子之称。海龙是一种硬骨鱼，成年海龙大约有一尺长，很小的仅2厘米左右，有的则可以大到50厘米长。

海龙的身体细长，表皮披有一层盔甲似骨质。有的海龙表面黄白色或灰棕色，背棱两侧有两条灰棕色带。海龙眼大而圆，眼眶微尖，其吻伸长像根管子，背鳍长而高，尾鳍很发达。海龙头部具有管状长嘴，嘴的上下两侧具有细齿，以水中甲壳类的微小生物及海蚤为食，吃东西时会把食物整个吸进嘴里。

雄性负责“生育”

绝大多数动物繁殖后代是要雌雄配合的，像所有鱼类一样，

海龙是孵蛋来繁殖后代，但海龙繁殖下一代的方式和其他动物有所不同。雌海龙将蛋产在雄海龙的育儿囊中孵化，剩下的一切就交给雄海龙了。这些卵在雄海龙的尾部大约5个星期才孵化。小海龙一经孵化，就能看、能游泳，可以自己寻找食物独立生活，因此雄海龙不用照看幼海龙。

知识链接

澳大利亚海龙生长在澳大利亚海底的海草中，成年海龙大约有一尺长，不仔细看，它们会被误认为是浮在水里的海草。仔细一看，会发现它们还真有些龙的形态。

↓海龙

具有医学价值的鲨鱼

生物族谱

☆门：脊索动物门脊椎亚门

☆纲：软骨鱼纲鲨纲

☆目：侧孔总目

☆科：鲨科

鲨鱼，在古代叫作鲛、鲛鲨、沙鱼，是海洋中的庞然大物，所以号称“海中狼”。鲨鱼早在恐龙出现前3亿年前就已经存在于地球上，它们近一亿年来几乎没有改变。

鲨鱼可以入药

癌症被人们称为不治之症，鲨鱼却有抗癌的能力。

生物学家发现，鲨鱼的身体异常健康，它们即使受了极大的创伤，也能迅速痊愈而且丝毫不会发生炎症，更不会感染疾病。经过对鲨鱼的生理和疾病长期的研究，专家发现鲨鱼的抗癌能力也是极强的。那么，它的抗癌绝招是什么呢？

有的科学家认为，鲨鱼的肌肉里能产生一种化学物质，这种化学物质能抑制癌细胞的生长，因此不易患癌。

有的科学家认为，鲨鱼的肝脏能产生大量的维生素A。实验证明，维生素A有使分化的上皮细胞恢复为正常细胞的作用，所以，部分科学家认为使鲨鱼免于患癌的秘密武器是维生素A。

另一些科学家则认为，鲨鱼的血液能产生一种抗癌物质。我国上海水产学院的科学家也支持这一观点。1984年，他们从鲨鱼的心脏中采血，然后提取一定浓度的血清，再把它注入人体红细胞性白血病细胞株中，经过一段时间，他们发现，一些癌细胞的正常代谢作用被破坏，大部分癌细胞已死亡。这说明鲨鱼的血清具有杀伤人类红细胞性白血病肿瘤细胞的作用。可见，鲨鱼的血液中有抗癌物质。

分子生物学家认为，鲨鱼的抗癌武器在胃部。他们在实验研究中发现：鲨鱼的胃部能分泌一种叫"角鲨素"的抗生素，它的杀伤力比青霉素还强，并且它还能杀死原生物和真菌，还能抗艾滋病和癌症。

鲨鱼抵抗癌症的秘密武器到底是什么，现在仍然是科学界的一个未解之谜。

直视对鲨鱼的保护

世界上约有380种鲨鱼，有30种会主动攻击人，有7种可能会致人死亡，还有27种因为体形和习性的关系，具有危险性。鲨鱼早在3亿多年前就已经存在，至今外形都没有多大的改变，说明它的生存能力极强，因此被人称为海洋"猎手"。

另一方面，鲨鱼需要人类的保护，我们餐桌上香喷喷的鱼翅汤就是鲨鱼的背鳍做的。一旦被割去了背鳍，鲨鱼就会因为失去平衡能力，沉到海底饿死。

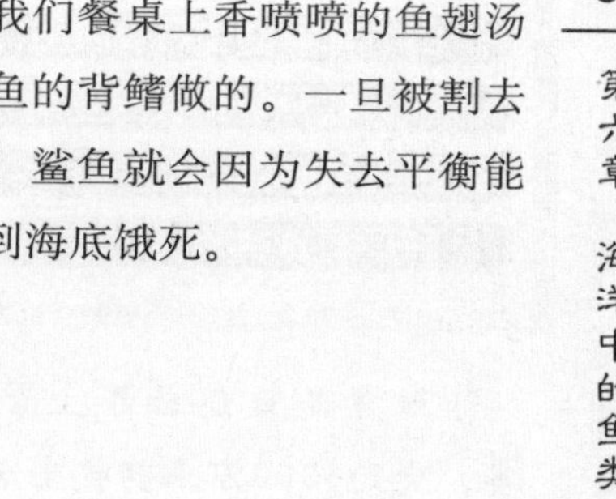

↓鲨鱼

大嘴鲸鲨

生物族谱

☆门：脊索动物门脊椎亚门

☆纲：软骨鱼纲板鳃亚纲

☆目：须鲨目

☆科：鲸鲨科

鲸鲨是目前世界上最大的鱼类，大约6000万年前就生活在地球上的热带和亚热带海域中。一条鲸鲨可以活70年左右。虽然名字中有“鲸”，但是鲸鲨不是鲸，而是鲨。

鲸鲨的模样

鲸鲨是世界上最大的鱼类，广泛分布于印度洋、太平洋和大西洋各热带及温带海区，是生活在大洋上层的鱼类，以动物性浮游生物、甲壳类、软体动物及小鱼为食。鲸鲨通常单独活动，它的游动速度缓慢，常漂浮在水面上晒太阳，但是在食物丰富的地区也有成群的鲸鲨觅食。

鲸鲨的身体呈圆柱状，头扁平而宽广。其身体呈灰褐色或者蓝褐色，下侧淡色。鲸鲨的表皮可以达到10厘米厚，体侧散布着许多黄色或白色斑点及垂直横纹。

鲸鲨通常体长在10米左右，身体每侧各有两个显著皮嵴，两只眼睛则位于扁平头部的前方。鲸鲨拥有一对胸鳍与背鳍。其胸鳍宽大，像稍窄的镰刀；背鳍2个，无硬棘；尾鳍宽短叉形，呈新月状。

鲸鲨怎样捕食

鲸鲨是滤食动物，靠着嗅觉来攻击浮游生物或鱼类。在觅食的时候，鲸鲨会上下摆动着，把食物连同海水一起吸进口中，然后闭上嘴巴。在嘴巴闭上的时候，鳃盖会打开，把吞进去的海水吐出来。鲸鲨拥有5对巨大的鳃，鳃弓具角质鳃耙，鳃耙分成许多小枝，结成海绵状过滤器。浮游生物就被排列在鳃

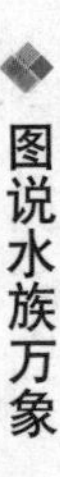

与咽喉的皮质鳞突所困住，然后，鲸鲨会把这些食物都吞食下去。

趣味阅读

尽管鲸鲨体形大，但牙细小。鲸鲨有一个宽达1.5米的嘴巴，包含了300—350排细小的牙齿，但是鲸鲨一般是不攻击人的，只偶尔会出现尾鳍误伤。另外，每只鲸鲨体表的斑点都是独特的，这可以用来辨识不同的个体，所以也可以精准地判断鲸鲨的数量。

↓鲸鲨

雌雄难辨的鳗鱼

生物族谱

☆门：脊索动物门脊椎亚门

☆纲：硬骨鱼纲辐鳍亚纲

☆目：鳗鲡目

☆科：鳗鲡科

鳗鱼是一种类似蛇形的长条状鱼类。鳗鱼是一种标准的鱼类，虽然它长得像蛇，但是具有鱼的各项基本特征。

蛇一样的身躯

鳗鱼分布在热带及温带地区水域，除了少数几种分布在大西洋外，其余都分布在印度洋及太平洋流域。像很多鱼类一样，鳗鱼也具有洄游的特性。

鳗鱼长得很像蛇，而且全身都没有鳞片，身体呈圆锥形，色泽乌黑。鳗鱼只能在清洁、无污染的水域栖身。鳗鱼的性别没有单纯的雌雄之分，而是受环境因素和密度的控制。当族群数量多，食物不足时会变成公鱼，反之，雌鱼的比例会增加。

鳗鱼的成长

鳗鱼的一生要经历不同的发育阶段。鳗鱼在海洋中产卵，一生只产一次卵，产卵后就死亡。这些鳗鱼卵随洋流长距离漂游，逐渐成长为幼鱼，身体变得扁平透明，薄如柳叶，所以又称为“柳叶鱼”。

在接近沿岸水域时，鳗鱼的身体会渐渐长大，为减少阻力，会转变成流线型，而且身体会变得和海水一样，这时候的鳗鱼被称为“玻璃鱼”。

在进入河口水域时，成长为细长透明的玻璃鳗会出现黑色鳗线，之后在河川成长的鳗鱼鱼腹部会变成黄色。成熟的鳗鱼，鱼身转变成类似深海鱼的银白色，同时眼睛变大，胸鳍加宽，然后重新回到深海产卵。

趣味阅读

一般来说，在生物界都是以大欺小，大多数情况下应该是大鱼吃小鱼。但是，你能想到小鱼也能吃大鱼吗？盲鳗是一种小鱼，它就是以吃大鱼为生的。盲鳗从大鱼的鳃部钻进大鱼的腹腔，吃大鱼的内脏、肌肉。吃完后，盲鳗会钻出来寻找新的大鱼。由于终生在大鱼的身体里活动，眼睛也退化了，所以人们就给它取了个名字叫“盲鳗”。

↓鳗

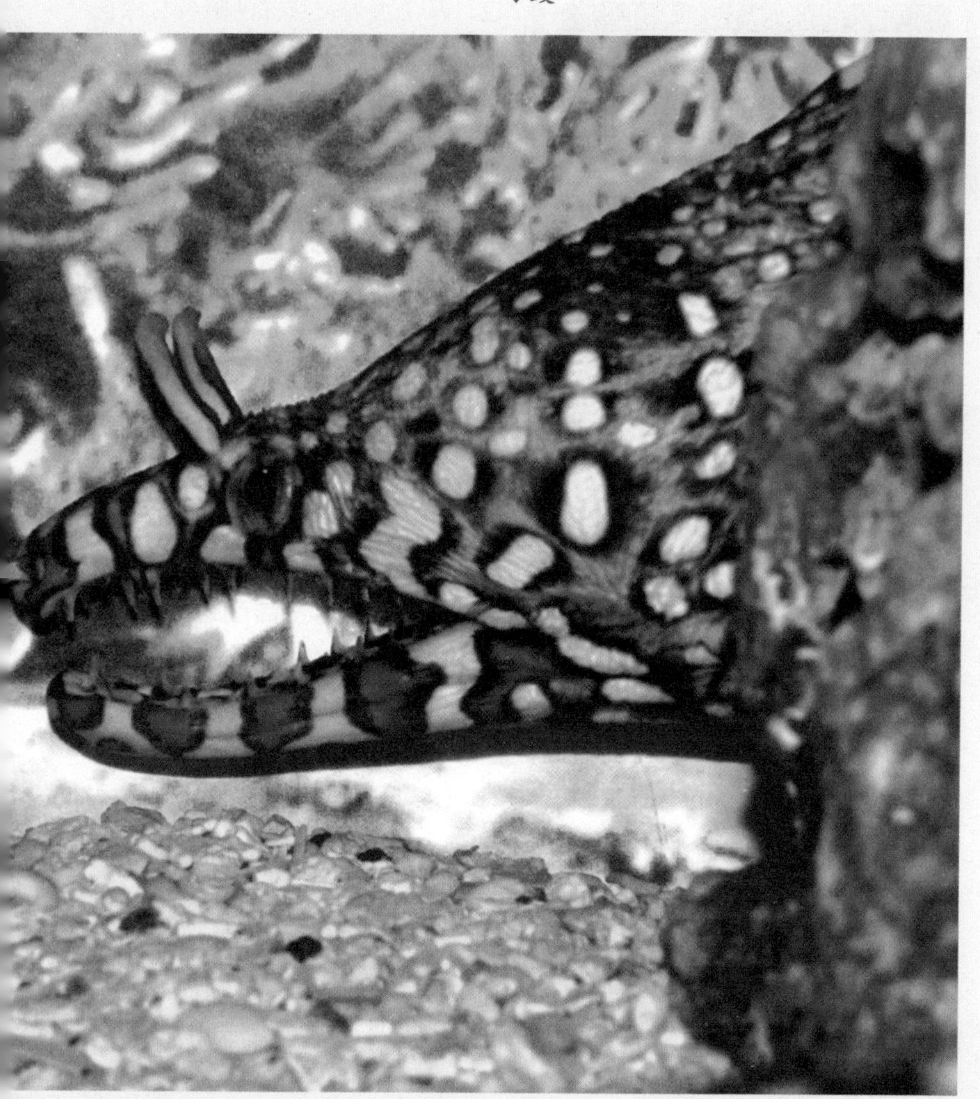

凶狠的大白鲨

生物族谱

☆门：脊索动物门脊椎亚门

☆纲：鱼纲板鳃亚纲

☆目：鲨总目鼠鲨目

☆科：鼠鲨科

白鲨身体硕重，尾呈新月形，牙大且有锯齿缘，呈三角形。大白鲨是大型的海洋肉食性动物，有着独特的色泽、乌黑的眼睛、凶恶的牙齿和双颚，更因身体庞大并且具有攻击性而被认为是海洋杀手。

认识大白鲨

大白鲨是一种分布广泛的大型进攻性鲨鱼。大白鲨可以保持高于环境温度的体温，在各大洋热带及温带的开放洋区都有它们的身影。

大白鲨的背腹体色界限分明，背部呈灰色、淡蓝色或淡褐色，腹部呈灰白色。在海洋环境下，这种肤色可以帮助它们有效地隐藏自己。从上方看，背部的暗色与深色海面融为一体；而从下方往上看，灰白色的腹部又与带着亮光的水面相匹配。这样一来，大白鲨可以从任何角度对猎物展开突袭。而且，大白鲨的皮肤也是具有“杀伤力”的，“鲨鱼皮”并不光滑，而是长满了小小的倒刺。

大白鲨身体硕重，身长6.4米左右，体重2500千克，甚至会更重。为了维持庞大的体形，白鲨的食量很大，食物包括鱼类、海豚、海龟、海鸟、海狮、海豹，甚至海船上所弃杂物等一切可以放入嘴中的食物。大白鲨在攻击之前会试探性地撕咬，以确定是否展开全面攻击。

大白鲨的“生化武器”

大白鲨具有极其灵敏的嗅觉和触觉，它可以嗅到1千米外被稀释的血液气味。其超乎寻常的嗅觉还有能探测到水中生物电的奇特功能，以此判断猎物的体形和运动情况。

大白鲨的侧线是由一些小窝底部的感觉器官所组成，对电、温度和水压的变化非常敏感，可以感知周围微弱的电场变化，能接收到水中猎物的微弱信号，由此去寻找数英里以外的猎物。大白鲨是唯一可以把头部直立于水面之上的鲨鱼。其背鳍顶端暴露出水面，有利于它们在水面之上寻找猎物。

知识链接

大白鲨全身是白色的吗？虽然它们的名字叫大白鲨，但它们并不全都是白色的。其腹部是灰白色，背部则是暗灰色。这样的颜色使它们可以方便地把自己隐藏起来。

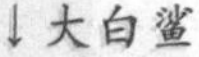

↓大白鲨

第七章

种类繁多的淡水鱼类

很多人都喜欢吃鱼肉。鱼肉不仅味道鲜美，而且营养丰富。我们平时所吃到的鱼，大多都是淡水鱼，那到底什么是淡水鱼呢？我们把栖息于江河、湖沼、水库等淡水水域的鱼类叫作淡水鱼类。也许这么解释你还会有疑问，下面就给你列举几种比较常见的淡水鱼，让你对淡水鱼有更深的了解。

素食的鲫鱼

生物族谱

☆门：脊索动物门脊椎亚门

☆纲：鱼纲辐鳍亚纲真骨下纲

☆目：鲤形目

☆科：鲤科

☆属：鲫属

鲫鱼是一种以植物为食的杂食性鱼。植物性饲料在水体中蕴藏丰富，品种繁多，供采食的面广。鲫鱼喜欢群集而行，择食而居。鲫鱼的肉质细嫩，富含丰富的蛋白质、脂肪、钙、磷、铁等矿物质，营养价值很高，是我国重要的食用鱼类之一。

鲫鱼的模样

鲫鱼在全国各地都有，有的地方被称为鲋鱼，有的地方也叫草鱼板子、喜头鱼、鲫瓜子、鲫拐子、朝鱼、刀子鱼或者鲫壳子。鲫鱼一般长15—20厘米，体形是扁圆形，呈梭形，身体比较厚，头短小，没有鱼须。鲫鱼身体背面为黑色，腹面为银白色，各鳍条为灰白色。

鲫鱼的背部之所以是黑的，腹部之所以是白的，是因为它们是鲫鱼的保护色。天敌从水上方往下看，由于黑色的鱼背和河底淤泥看起来一样，很难被发现；天敌从水下方往上看，白色的鱼肚和天的颜色差不多，也很难被发现。所以鲫鱼能在水中游刃有余地躲避天敌，安全存活。

鲫鱼的生活

鲫鱼的采食时间，依季节不同而不同。春季为采食旺季，昼夜均在不断地采食；夏季采食时间为早、晚和夜间；秋季全天采食；冬季则在中午前后采食。

生活在江河流动水里的鲫鱼，喜欢群集而行。有时顺水，有时逆水，到水草丰茂的浅滩、河湾、沟汊、芦苇丛中寻食、产卵；遇到水

流缓慢或静止不动、具有丰富饵料的场所，它们就暂时栖息下来。

生活在湖泊和大型水库中的鲫鱼，也是择食而居。尤其是较浅的水生植物丛生地，更是它们的集中地。即使到了冬季，它们贪恋草根，多数也不游到无草的深水处过冬。

生活在小型河流和池塘中的鲫鱼，它们是遇流即行，无流即止，择食而居，冬季多潜入水底深处过冬。

鲫鱼的类别

虽然同叫鲫鱼，但是鲫鱼也有不同的种类，常见的有云南滇池及其水系发展起来的高背鲫，黑龙江省双凤水库发展的方正银鲫，江西水产科技人员选育的彭泽鲫，产于河南省淇河的淇河鲫，以及江苏省六合县的龙池鲫鱼，内蒙古海拉尔地区的海拉尔银鲫等等。

各品种的鲫鱼都有各自的特点，比如高背鲫个体大，有生长快、繁殖力强等特点。高背鲫因背脊高耸而得名。方正银鲫背部为黑灰色，体侧和腹部为深银白色，体重为0.5—1千克。彭泽鲫体形丰满，含肉率高，肉味鲜美，营养丰富，是一种既可以生产又可以垂钓的鱼类。

鲫鱼的药用价值

鲫鱼味甘、性温，有益气健脾、利水消肿、清热解毒、通络下乳等功效，可以治疗浮肿、腹水、产妇乳少、胃下垂、脱肛等病症。腹水患者用鲜鲫鱼与赤小豆共煮汤服食有疗效。用鲜活鲫鱼与猪蹄同煨，连汤食用，可治产妇少乳，鲫鱼油有利于心血管功效，还可降低血液黏度，促进血液循环。

↓鲫鱼

鲤鱼跳水

生物族谱

- ☆门：脊索动物门脊椎亚门
- ☆纲：鱼纲辐鳍亚纲真骨下纲
- ☆目：鲤形目
- ☆科：鲤科

鲤鱼金鳞赤尾，形态可爱，有很强的观赏价值。鲤鱼肥嫩鲜美，肉味纯正，具有食用价值，是一种常见的鱼类。鲤鱼经人工培育的品种很多，如红鲤、团鲤、草鲤、荷色鲤、锦鲤、火鲤、芙蓉鲤、荷包鲤等。品种不同，体态颜色也各不相同。

鲤鱼的特征

鲤鱼属于底栖杂食性鱼类，荤素兼食，饵谱广泛，吻骨发达，常拱泥摄食。鲤鱼又是低等变温动物，体温随水温的变化而变化，无须靠消耗能量以维持恒定体温，所以需饵摄食总量并不大。

鲤鱼与多数淡水鱼一样，属于无胃鱼种，且肠道细短，新陈代谢速度快，故摄食习性为少吃勤食。鲤鱼的消化功能同水温关系极大，摄食的季节性很强。鲤鱼在冬季（尤其在冰下）基本处于半休眠停食状态，体内脂肪一冬天消耗殆尽，春季一到，便急于摄食高蛋白食物予以补充。深秋时节，冬季临近，为了积累脂肪，也会出现一个“抓食”高峰期，而且也是以高蛋白饵料为主。

长寿的鲤鱼

鲤鱼是原产于亚洲的温带性淡水鱼，全世界除澳大利亚和南美洲外均有分布。鲤鱼喜欢单独或成群生活在水草丛生的泥底，平原上的暖和湖泊、水流缓慢的河川里都可以看到鲤鱼的身影。鲤鱼在春天产卵，冬天时鲤鱼会沉伏于河底，进入冬眠状态。

鲤鱼的寿命特别长，可以活

100多年。计算鲤鱼的年龄和计算树龄的方法相同。鱼的鳞片从中心向外有许多的圈儿，疏密相间，疏的圈是夏天长成的，密的圈是冬天长成的。所以，只要数一下，就知道它已经度过了几个年头。

鲤鱼除被当作观赏鱼外，也被当作食用鱼。食用鲤鱼的种类约有2900种。鲤鱼含有丰富的蛋白质，以及人体必需的氨基酸、矿物质、维生素A和维生素D等，所含的脂肪多为不饱和脂肪酸，能很好地降低胆固醇，可以防治动脉硬化、冠心病，而且鲤鱼的鳞片、鱼脑、鱼血、鱼眼睛、鱼皮都具有相当高的药用价值。

鲤鱼的品种

鲤鱼经人工培育，出现了很多品种，如团鲤、草鲤、荷色鲤、锦鲤、火鲤、芙蓉鲤、荷包鲤等，这些鲤鱼的品种不同，体态颜色也各异。

会游泳的艺术品——锦鲤。锦鲤体格健美、色彩艳丽，体长可达1—1.5米，能活60—70年，是一种高档观赏类鲤鱼，原产自中亚细亚，后传入日本，经过日本人的精心培育后发扬光大，锦鲤也被称为日本的国鱼，被誉为“水中活宝石”和“观赏鱼之王”。1938年，日本锦鲤传入中国，这也是日本人第一次将锦鲤传出国门。在中国，技师按照培育金鱼的方法筛选出了符合大众审美观的中国锦鲤品种。

鱼中之王——麦溪鲤。麦溪鲤是鲤鱼中的一种食用性品种，头细嘴小，腹圆身肥，味道非常鲜美。麦溪鲤和其他鲤鱼的区别就是鱼身两侧有3条光闪闪的金线，由鳃部一直延伸到尾部。麦溪鲤因生长在麦溪和麦塘两口塘而得名，因为麦溪鲤对于生长环境十分挑剔，普通鲤鱼种非得要生长在广东省高要市大湾镇古西村的麦溪塘里才能长成麦溪鲤，不然的话就是普通鲤鱼。要是把麦溪鲤放到别的鱼塘，长成麦溪鲤的鱼也会转变成普通鲤鱼。

知识链接

泉州地处福建省东南部，是福建三大中心城市之一。至元代，泉州的城区进一步扩大，各个地区连接起来，成为一个周围15千米的上宽下狭的长形城郭。这个城郭形似鲤鱼，因此泉州又被称为“鲤城”。

泥鳅也是鱼

生物族谱

☆门：脊索动物门脊椎亚门

☆纲：鱼纲辐鳍亚纲真骨下纲

☆目：鲤形目

☆科：鳅科

泥鳅是一种身体细长的鱼，前端呈亚圆筒形，腹部圆，后端侧扁，全身滑溜溜的，充满黏液。泥鳅是很好的天气预报员，因为当泥鳅上下翻腾不时跃出水面时，很可能就要下雨了。

泥鳅的特征

泥鳅身体较小而细长，前端呈亚圆筒形，腹部圆，后端侧扁，体背部及两侧为灰黑色，全体有许多小的黑斑点，体侧下半部为灰白色或浅黄色，背鳍和尾鳍膜上的斑点排列成行，尾柄基部有一明显的黑斑。

泥鳅头部较尖，吻部向前突出，有5对须，对触觉和味觉极敏锐，不同于一般的鱼类。

泥鳅身上没有大片的硬鳞，只有一层几乎看不到的细小鳞片。它的尾巴上长着圆形的鳍，而且体表布满黏液，这样的体形非常适合在水中泥底钻来钻去。

通常，泥鳅的肠子前半段用来消化食物，后半段用来呼吸，所以泥鳅虽然是鱼，但离开水照样能生活。它除了像一般鱼一样有鳃，可在水中自由呼吸以外，还有更好的呼吸器官——皮肤和肠子。

泥鳅的生活是什么样的

泥鳅属底层鱼类，常见于底泥较深的湖边、池塘、稻田、水沟等浅水水域。其生活水温为10℃—30℃，最适水温为25℃—27℃，故应属温水鱼类。当水温升高至30℃时，泥鳅即潜入泥中度夏；冬季水温下降到10℃以下时，即钻入

泥中20—30厘米深处过冬。泥鳅对低氧环境适应性强，它除了用鳃呼吸外，还可以进行皮肤呼吸和肠呼吸。泥鳅的视觉很弱，但触觉及味觉极为灵敏。泥鳅为杂食性，幼鱼阶段摄食动物性饵料，以浮游动物、丝蚯蚓等为食。长大后，饵料范围扩大，除可食多种昆虫外，也可摄食丝状藻类、植物根、茎、叶及腐殖质等。成鳅以摄食植物为主，一般多为夜间摄食，水温10℃以下、30℃以上时停止摄食。当河水或坑塘干涸后，水底的淤泥已经开始龟裂，其他鱼类一般都已经死亡，而泥鳅在泥中尚能存活很久。

泥鳅的保健功效

泥鳅有补中益气、祛除湿邪、解渴醒酒、祛毒除痔、消肿护肝之功能。泥鳅与大蒜猛火煮熟，可治营养不良之水肿；泥鳅用油煎至焦黄、加水煮汤，可治小儿盗汗；泥鳅炖豆腐可治湿热黄疸；泥鳅与虾黄同煮服，可治阳痿。

↓泥鳅

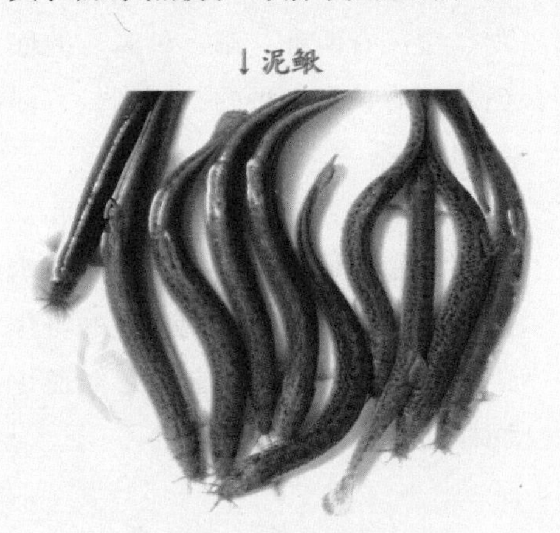

泥鳅可入药

泥鳅肉质鲜美，营养丰富，富含蛋白质，还有多种维生素，并具有药用价值，是人们所喜爱的水产佳品。泥鳅所含脂肪成分较低，胆固醇更少，属高蛋白低脂肪食品，且含一种类似廿碳戊烯酸的不饱和脂肪酸，有利于人体抗血管衰老，故有益于老年人及心血管病人。泥鳅和豆腐同烹，具有很好的进补和食疗功用；泥鳅、鲜荷叶共煮汤，可治消渴症。

泥鳅与黄鳝的区别

泥鳅属底层鱼类，常栖息在较深的湖边、池塘底的泥里，水温过高、过低的时候泥鳅都会钻入泥中。在鱼类中，鳝鱼和泥鳅很相似，都是身体细长，体前圆后部侧扁，体表无鳞有润滑液体。但是，鳝鱼的体色大多是黄褐色、微黄或橙黄，有深灰色的斑点，也有少数鳝鱼是白色的，而且鳝鱼尾巴是细且圆的，泥鳅尾巴是扁的；泥鳅短而粗，鳝鱼则细长。

古老的龙鱼

生物族谱

☆门：脊索动物门脊椎亚门

☆纲：鱼纲辐鳍鱼纲真骨下纲

☆目：舌鱼目

☆科：骨舌鱼科

龙鱼，原产地称之为“AROWANA”，是西班牙语“长舌”的意思。中国大陆称其为“龙鱼”，中国香港人称之为“龙吐珠”，中国台湾人称之为“银带”，日本人称之为“银船大刀”。龙鱼是现今仅存的少数古生鱼类之一。

七彩龙鱼

龙鱼全身闪烁着青色的光芒，圆大的鳞片受光线照射后发出粉红色的光辉，各鳍也呈现出各种色彩。不同的龙鱼有其不同的色彩。例如，东南亚的红龙幼鱼，鳞片红小，白色微红，成体时鳃盖边缘和鳃舌呈深红色，鳞片熠熠生辉；黄金龙、白金龙和青龙的鳞片边缘分别呈金黄色、白金色和青色，其中有紫红色斑块者最为名贵。

龙鱼的种类

骨舌鱼科的鱼分别产于4个地方：亚洲、南美洲、澳大利亚、非洲。龙鱼主要产于印尼和马来西亚。

亚洲龙鱼按纯正血统可细分为7种：辣椒红龙、血红龙、橙红龙、过背金龙、红尾金龙、青龙、黄尾龙。

辣椒红龙：生长于仙塔兰姆湖以南的地方，是目前价格最高的红龙。它又有两种：第一种鳞片的底色是蓝的；第二种的头部则长有绿色的鱼皮。

血红龙：血红龙的原产地和辣椒红龙的恰恰相反，是在仙塔兰姆湖以北的地方。血红龙成鱼的身体主要由细框的鳞片覆盖着，鳃盖也同样是红色的。

橙红龙： 产自科同加乌河和其支流。完全发育的橙红龙身体比血红龙要长，一般可长至90厘米。此鱼的鳃盖为橙红色，鳞片通常也有橙色的。

红尾金龙：原产自印尼苏门答腊岛的红尾金龙，于当地的北干巴鲁河和坎葩尔河生长。

澳洲的龙鱼有两种：星点龙和星点斑纹龙。

星点龙：产于澳大利亚东部，和星点斑纹龙很相似，幼鱼极为美丽，头部较小，体侧有许多红色的星状斑点，臀鳍、背鳍、尾鳍有金黄色的星点斑纹，成鱼体色为银色中带美丽的黄色，背鳍为橄榄青，腹部有银色光泽。

星点斑纹龙：产于澳大利亚北部及新几内亚，体形较小，口部尖，体色为黄金色中带银色，半月形鳞片，腮盖有少许金边，尾鳍、背鳍有金色斑纹。

南美洲骨舌鱼科的鱼类主要有3种：银龙、黑龙、象鱼（又叫海象、巨骨舌鱼）。

非洲骨舌鱼只有一种，被称为尼罗河龙鱼， 分布于尼罗河中上游和热带西非洲，外形类似于亚洲及澳大利亚龙鱼。

↓龙鱼

残暴的食人鱼

生物族谱

☆门：脊索动物门脊椎亚门

☆纲：鱼纲辐鳍亚纲真骨下纲

☆目：鲤形目脂鲤次目

☆科：脂鲤科

食人鱼，俗名水虎鱼、食人鲳，是南美洲食肉的淡水鱼。它们通常有15—25厘米长，最长的达到40厘米。食人鱼据说是亚马孙河里的一种小鱼，极其凶恶，有着白森森的獠牙，只要见到血腥便群起而攻击。在巴西的亚马孙河流域，食人鱼被列入当地最危险的四种水族生物之首。食人鱼恶魔般的残忍，其被称为“水中恶魔”一点都不过分。

食人鱼的模样

食人鱼主要栖息在安第斯山脉以东、南美洲的中南部沿岸河流。其在阿根廷、玻利维亚、巴西、哥伦比亚、圭亚那、巴拉圭、乌拉圭、秘鲁及委内瑞拉都有分布。

食人鱼身体左右侧扁，前后呈卵圆形，尾鳍略呈叉形，通常有15—25厘米长，最长的达到40厘米。食人鱼有鲜绿色的背部和鲜红色的腹部，体侧有斑纹，但其体色变化大，成鱼背侧呈蓝灰色至灰黑色，腹部具有银灰色的光泽。幼鱼体侧呈灰绿色，背部为墨绿色，喉部和胸腹部为朱红色。

血腥的食人鱼

食人鱼性情极为残暴，长着锐利的牙齿，能够轻易地咬断用钢造的鱼钩或者一个人的手指，异常凶猛。因为食人鱼的颈部短，头骨特别是颚骨十分坚硬，上下颚的咬合力大得惊人，一旦被咬的猎物溢出血腥，食人鱼更会疯狂无比。

食人鱼有群居性和独居性两种生活方式，群居的时常几百条、上千条聚集在一起，最少6条也可成群。只有成群结队时，食人鱼才凶狠无比。一旦开始攻击猎物，食人鱼总是首先咬住猎物的致命部位，使其失去逃生的能力，然后成群结队地轮番发起攻击，一个接一个地冲上前去猛咬一口，迅速将目标化整为零，其速度之快令人难以置信，其“战术”号称为“围剿战术”。

成年食人鱼主要在黎明和黄昏时觅食。因为身形特征的限制，食人鱼的游速不够快，但是捕食时的突击速度极快。食人鱼有高度发展的听觉，但是它的视力较差，食人鱼对人或动物的攻击是凭借着水花和水里的波动感觉猎物的存在。如果猎物在水中保持静止，食人鱼就不会发现它。

↓水虎鱼

致命的尖牙

食人鱼具有尖利的牙齿，非常凶猛，一旦发现猎物，往往群起而攻之。食人鱼可以在10分钟内将一只活牛吃得只剩一堆白骨。亚马孙河、圭亚那河、巴拉圭河等河流是食人鱼经常出没的场所。当地人用它们的牙齿来做工具和武器。食人鱼也常用来比喻残忍不堪、灭绝人性的人。

知识链接

食人鱼为什么这么厉害？这是因为它可以咬穿牛皮甚至硬邦邦的木板，能把钢制的钓鱼钩一口咬断，其他鱼类当然就不是它的对手了。平时在水中称王称霸的鳄鱼，一旦遇到了食人鱼，也会吓得缩成一团，翻转身体面朝天，把坚硬的背部朝下，立即浮上水面，使食人鱼无法咬到腹部，救自己一命。

水中的人参——虹鳟

生物族谱

☆门：脊索动物门脊椎亚门

☆纲：鱼纲辐鳍亚纲真骨下纲

☆目：鲑形目

☆科：鲑科

虹鳟，又称瀑布鱼、七色鱼，身上布有小黑斑，体侧有一红色带，如同彩虹，因此得名“虹鳟”。虹鳟鱼肉质鲜嫩，味美，无腥，无小骨刺，蛋白质和脂肪含量高，胆固醇的含量几乎为零，不饱和脂肪酸含量高于其他鱼类数倍以上，具有很好的药用及食用价值，被誉为“水中人参”。

水中人参

虹鳟为高寒鱼类，只能在20℃以下的水温中生长。虹鳟原产于美国加利福尼亚州的山涧溪流，喜欢栖息在清澈无污染的冷水中，以鱼虾为食。因为虹鳟生存条件要求高，属娇贵鱼种，所以是一种少有的名贵鱼类，现在在各地高寒地区都有引进养殖。

虹鳟体形侧扁，鳞小而圆。背部和头顶部为蓝绿色、黄绿色和棕色，体侧和腹部为银白色、白色和灰白色。头部、体侧、体背和鳍部不规则地分布着黑色小斑点。其鱼身非常优美匀称，在它身体的一侧有一条清晰的呈紫红色和桃红色、宽而鲜红的彩虹带，直沿到尾鳍基部，在繁殖期尤为艳丽，如同彩虹，因此得名“虹鳟”。

虹鳟最好生吃

从营养价值的吸收来看，生吃比烹饪更能留住营养。所以要把鱼的营养价值充分保留住并被人体吸收，生吃是首选。虹鳟就是可以生食的鱼类的绝佳之选，因为虹鳟对环境的要求很高，只要受一点点污染就不能存活。而且，虹鳟体内含有丰富的DHA、

EPA和油脂，肉质醇厚爽滑，生吃更能品味出它本身的鲜嫩和美味。

知识链接

三文鱼和虹鳟一样也属于鲑科鱼类，也是一种可以生吃的名贵鱼类。三文鱼的颜色呈红色，而且颜色越深，价值越高。因为颜色越深，说明其含有的虾青素含量越多。同时，三文鱼中还含有丰富的不饱和脂肪酸、鱼肝油等，具有很高的营养价值，被誉为“水中珍品”。

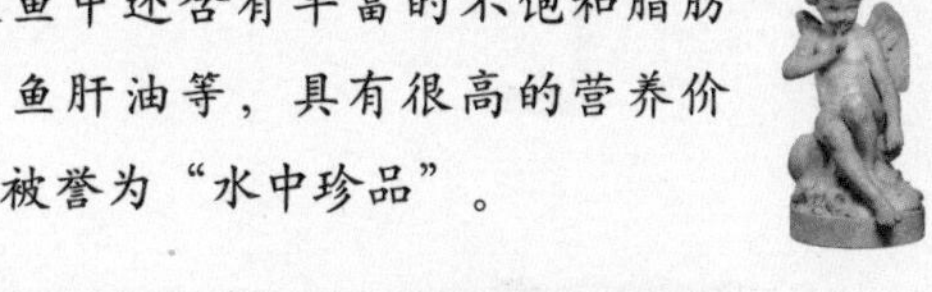

↓虹鳟

人工选择的金鱼

生物族谱

☆门：脊索动物门脊椎亚门

☆纲：鱼纲辐鳍亚纲真骨下纲

☆目：鲤形目

☆科：鲤科

金鱼，是中国特有的一种观赏鱼品种。金鱼并不是原始鱼类，而是人们长时间培育出来的。在人类文明史上，中国金鱼已陪伴着人类生活了十几个世纪，是世界观赏鱼史上最早的品种。在一代代金鱼养殖者的努力下，中国金鱼至今仍向世人演绎着动静之间美的传奇。现在世界各国的金鱼都是直接或间接从我国引种的。作为世界上最有文化内涵的观赏鱼，它在国人心中很早就奠定了其国鱼之尊贵身份。

金鱼的培育

金鱼的品种很多，颜色有红、橙、紫、蓝、墨、银白、五花等，分为文种、草种、龙种、蛋种四类。金鱼近似鲤鱼，但是没有口须，它和鲫鱼同属于一个物种，是由鲫鱼演化而成的观赏鱼类。原本银灰色的野生鲫鱼经过演变成为红黄色的金鲫鱼，然后再经过培育、不同时期的家养，由红黄色金鲫鱼逐渐变成各个不同品种的金鱼，所以金鱼也称“金鲫鱼”。早在明朝万历年间，苏州人张谦德就著有《砂鱼谱》，详细描述了金鱼的形态及饲养方法。

金鱼的培育经过了漫长的发展，晋朝时培育出了红色金鱼，唐代时出现了红黄色金鱼，宋代开始出现金黄色金鱼，金鱼的颜色也出现了白花和花斑两种。随着时代的发展，各种颜色、各种形态的金鱼逐渐被培育出来。

金鱼的变身

由鲫鱼到金鱼，经历了种种变

化。首先是鱼的颜色。像野生鲫鱼一样，金鱼的颜色成分有黑色色素细胞、橙黄色色素细胞和淡蓝色的反光组织3种。也正是这三种成分的相互作用，加上环境等其他因素的影响，金鱼拥有了鲜艳多变的体色。

由鲫鱼变成金鱼还有头部外形的变异，由原来平滑的头变成虎头、狮头、鹅头、高头、帽子和蛤蟆头等。同时眼睛也发生了变异，除了正常眼之外还有龙眼、朝天眼和水泡眼。这些种类的形成都是鲫鱼变异形成的。随着环境的影响，鲫鱼逐渐进化成了多种多样的形态。

随着金鱼皮肤、眼睛和头部的变异，人们也为了区分，就形成了不同的金鱼种类，比如文种金鱼、蛋种金鱼、龙种金鱼等。龙种金鱼体形短，色彩丰富，最特别的是眼球发达，凸出于眼眶外，有各种形状，比如圆球、梨形、圆筒形以及葡萄形等，类似古代传说中龙的眼睛，所以取名龙种金鱼。

金鱼文化

金鱼是年画经常表现的题材，吉祥的金鱼小巧玲珑，翩翩多姿，体态稳重，在水中锦鳞闪烁，沉浮自如，深受人们的喜爱。再加上金鱼带“金”字，“鱼”与“余”同音，“金鱼”又与“金玉”谐音，所以在中国人眼中，金鱼寓意着金玉满堂和年年有余。

金鱼是吉祥富有的象征，其实不同种类的金鱼有各自的寓意。“狮子头”“虎头”等种类的金鱼寓意威风；“龙睛”“丹凤”金鱼寓意红运当头，含有权力的象征；“珍珠”“丹凤”金鱼寓意富贵；“鹤顶红”金鱼寓意长寿，适合老人养；“水泡眼”“朝天眼”金鱼寓意梦幻；“蓝寿”“绒球”金鱼寓意美满，适合新婚人士饲养；“蝶尾”金鱼象征着情侣、热恋男女之间的缠缠绵绵；“熊猫”金鱼被爱国人士所青睐；“镏金”则是被情感细腻人士喜欢的一种金鱼。

↓金鱼